復興から学ぶ
市民参加型のまちづくりⅢ

—コミュニティ・プレイスとパートナーシップ—

風見正三・佐々木秀之［編著］

緒　言

2011 年 3 月 11 日に発生した東日本大震災から 10 年が経過した。我々は，大震災の発生から 5 年目を過ぎたあたりから，復興まちづくりの経験を実践者自身の手で書き記すことの必要性を感じ，2018 年より「復興から学ぶ市民参加型のまちづくり」シリーズを刊行してきた。本書がシリーズの第 3 巻であり，最終巻となる。この間，被災地では数多くの挑戦的な実践が展開され，10 年目の 3.11 となる 2021 年には，シンポジウムなどの機会を通じて大災害の復興プロセスより得られた多くの知見が発信される予定であった。しかし，2019 年に発生した新型コロナウィルス感染症による混乱は収束する気配がなく，イベント等の開催はオンラインを除いて見送られてきた。復興状況への関心も遠のいた感がある。あらためて，書き記し，発信し続けることの重要性が高まっている。

以下で述べるように，地球環境をも視野に入れた持続可能な地域開発を考える上では，東日本大震災の復興過程で得られた知見は重要である。いかにして，復興に取り組み，地域の再生に向け歩みを進めてきたか，その実情を知見として記すことは，災害による惨状を目の当たりにした我々にとっての責務であり，未来への投資でもある。

・持続可能性を考える上で重要となる市民参加・協働

東日本大震災後，日本各地において，地震や豪雨による災害が頻発している。また，新型コロナウィルス感染症の発生によって，世界中が深刻な経済的・社会的ダメージを被っている。この状況の背景には，気候変動による温暖化の影響，自然・生態系の変容等，地球規模での環境の変化があり，これまでの経済成長によって受けてきた恩恵と背中合わせにある，蔑ろにしてきた負の側面があらわになってきているともいえる。東日本大震災が発生した10年前と比べても，より深刻に持続可能な地域開発の必要性が語られるようになっており，SDGsに代表されるように，地球環境の行く末に関する議論はあらゆるところで活発化している。

話は少し遡るが，大震災の発生から4年が経過した2015年3月に，宮城県仙台市で開催された第3回国連防災世界会議では，「仙台防災枠組2015－2030」が採択された。前掲のSDGsでは，防災に関しては多くは明記されておらず，その役割を仙台防災枠組に委ねているように，世界基準での重要な方針に位置付けられている。

仙台防災枠組では，「ビルド・バック・ベター」という表現が採用された。これは,「より良い復興」や「創造的復興」として訳される。ビルド・バック・ベターというと，国レベルでの復興政策，つまり大規模インフラの整備がイメージされる場合が多い。しかし，東日本大震災の知見を踏まえて作成されたのが，この仙台防災枠組であるからこそ，東日本大震災の復興過程で実践された地域コミュニティ主体の復興，コミュニティレベルの取り組みこそが，ビルド・バック・ベターにおいて，必要不可欠な要素であることを，我々は強調する必要がある。

加えて，復興まちづくりにおいて重要なキーワードとされてきたのが，市民参加や協働であった。住民参加と表現されることも多くあるが，東日本大震災の事例においては，人びとの生活を取り巻く社会資源も大きな被害を受けたことから，被災を受けた地域住民だけで復旧・復興を果たすことは困難であり，多様なセクターの連携があって，復興が進められてきた事実がある。よって本書では市民参加という表現を用いてきた。復興過程の混乱の中で，住民と行政に加えて，多様なセクター，個人が積極的に復興に関与し，SNS等のICTツールを活用しながら，臨機応変に連携し復興まちづくりに取り組んできたのであった。

・地域コミュニティ主体の復興

ここであらためて，震災直後となる2011年6月に東日本大震災復興構想会議によって提示された『復興への提言～悲惨のなかの希望～』を振り返っておきたい。提言では，復興の7原則が示され，この方針のもとに国としての復旧・復興が進められることになった。7原則で示された内容の抄録を以下に示す。

原則1：大震災の記録を残し，科学的に分析し，教訓を次世代へ継承すること
原則2：地域コミュニティ主体の復興を基本とすること
原則3：技術革新を伴う，復旧・復興を目指すこと
原則4：災害に強く，自然エネルギー活用型の地域の建設を進めること
原則5：被災地の復興と日本経済の再生の同時進行を目指すこと
原則6：原発被災地への支援と復興にはきめ細やかな配慮をつくすこと
原則7：国民全体の連帯と分かち合いによって復興を推進すること

上記のうち，本シリーズでは，原則2に着目してきた。原則2の全文は，「被災地の広域性・多様性を踏まえつつ，地域・コミュニティ主体の復興を基本とする。国は復興の全体方針と制度設計によってそれを支える」となっている。この記述の背景には，阪神・淡路大震災の復興過程から得られた知見がある。阪神・淡路大震災の後，ボランティアやまちづくり協議会が躍動する復興まちづくりが展開され，そのことを契機にNPO法（正式名称，特定非営利活動促進法）が制定され，全国的に市民参加や協働が波及したことが，この原則2を記す論拠ともなっているであろう。ただし，震災以前から，地域コミュニティと括られる町内会や自治会などの住民自治組織は，担い手不足やメンバーの高齢化などが課題として指摘されてきた。その点からも，他の組織や団体との連携は不可欠とされ，具体的には，連携する手段としての協働や，連携によってまちづくりに取り組む，姿勢や精神としてのパートナーシップが重要視されてきた。

・コミュニティ・プレイスの必要性

前掲『復興への提言～悲惨のなかの希望～』では，「結び」において，人と人とをつなぐことの必要性が強調されていた。人と人とがつながる上では，SNSなどのソーシャルメディアが重要な役割を果たしたことが東日本大震災における1つの特徴であったが，復興まちづくりを推進する上では，実際に顔を合わせながら話ができる場の存在が不可欠であった。そのため，復興過程において，まちづくりの拠点となる場の形成が促進されたのであり，そこを拠点に，地域内外のヒト・モノ・カネ・情報といった事業構想に不可欠な資源を連関させることで，地域の再生に好影響を与えていったのである。その際，人と人をつなげる，つなぎ手の役割，いわゆる中間支援の存在を見逃してはならない。

振り返れば，大震災後には，職場でもない，自宅でもない，第3の場所を意味するサードプレイスという概念が注目を集めており，全国各地において，コワーキングスペースや各種カフェが急速に増加していった時期でもあった。これは2013年に，関連する翻訳本が刊行されたことも一因であろう。リフォームとイノベーションを組み合わせた建築の概念であるリノベーション手法のブームとも重なり，サードプレイスを形成する動きは，民間，行政に関わらず積極的に取り組まれていった。

災害復興の現場においても，サードプレイスが意識的に設けられ，そこが各種復興に資する施策の話し合いの場となり，プロジェクトの創出が推進されていったのである。本書では，我々が何らかの形で関わってきた拠点づくりの事例から，コミュニティレベルでのサードプレイスの形成に言及する。ただし，拠点といっても，必ずしも建築物とは限らず，公園などの場所でも構わないことは先に述べておきたい。

本書では，地域コミュニティにおいてサードプレイス的役割を担う活動拠点を，コミュニティ・プレイスと表現している。コミュニティ・プレイスとは，地域コミュニティが主体となって多様なまちづくりを展開するための場のこととしたい。市民が形成プロセスに関わり，デザインが施された場には，市民が自然と集えるスペースがあり，そこでの語らいの中から協働や共創が生まれる。身の丈にあったイノベーションが連続して生まれることが理想であり，革新し続けることが拠点の持続性にも直接影響する。

ここで，プレイスとスペースという表現を用いたが，プレイス（Place）は，日本語では場という言葉で表現され，空間を意味するスペース（Space）とは区別される。スペースは物理的な意味合いが強く，単に空白となっているところを示す。その一方で，プレイスは主観的空間ともいわれるとおり，空間自体が持つ，（主観的な）意味や価値をも含めた概念である。このことを踏まえ，コミュニティ・プレイスの成立には，そのコミュニティに関わる各主体によって，意味や価値が共創される営みが基盤にあることを強調しておきたい。こうした場の存在が，地域コミュニティ主体の復興が成立するための必要条件となっていたのである。

本書では，第1章から第5章において復興過程の各フェイズにおいて形成された，宮城県内のコミュニティ・プレイスの事例を掲載する。第1章では，津波により被災した仙台市南蒲生町内会の集会所の再建事例について，町内会を主体とした復興の歩みと合わせて提示する。第2章では南三陸町を主なフィールドに，既存の空間（仮設住宅団地の集会所，公民館，子育て支援センター等）を活用しながら，女性のエンパワーメントを目的として互いに支え合えるコミュニティを多数生み出してきたウィメンズアイの活動を取り上げる。第3章では，応急仮設住宅の工法から着想を得て，市民参加型で公共施設の設計を行った，利府町まち・ひと・しごと創造ステーション（通称：tsumiki）の設置に係る一連の過程を示す。第4章では，石巻市の内陸部にて，民家の一部を私設図書館として開放し，応急仮設住宅に住まう市民との交流を創出する，川の上・百俵館の取り組みとその成果を提示する。第5章では，石巻市において，津波による流出を免れた古民家をカフェはまぐり堂へとリノベーションし，そこを拠点とする小規模集落全体での再生の取り組みについての考察を行う。

これらの事例検証から，コミュニティ・プレイスの形成においては，1）世代間の合意形成，2）地域資源の活用，3）施設設置における自由闊達な議論と市民の“関わりしろ”の確保，4）地域の特色を活かしたデザイン，そして，5）主たる機能を関係者で見定めるソフト面の議論の充実が重要であったことが確認できる。特に，施設を設置するとなると，どうしても建物の外形・内装等のハード面の充実に議論や予算が集中してしまう傾向にあるのが実際であるが，コミュニティ・プレイスの場合，いわばマイホームの建設時の家族の会話のように，使い勝手や居心地等のソフト面から施設のあり方を検討することも選択肢に入れるべきであることが示唆される。拠点づくりに関わる市民が建設的かつ創造的な議論を展開することで，市民が自分ごととして自発的に地域活動に取り組む雰囲気が醸成され，その後の運営や事業展開に好影響を及ぼしていったことが事例から確認された。地域コミュニティが，主体的であるほど，コミュニティ・ビジネスのような創造的な事業が生まれやすくなる面もある。もちろん異なる地域コミュニティ間の合意形成や専門家との良好なマッチングがイノベーションの前提にはある。そして，その事業展開の先には，さらに地域課題の解決を進めるべく，起業や移住，事業の拡大といった手段が選択肢として出てくるのであり，起業や移住を促進する政策を進める上でも，土壌となるコミュニティ・プレイスの形成が重要になってくるのである。なお，コミュニティ・プレイスは，立地場所の条件や拠点の規模の面から，単独で収益を確保することは困難となり得る。したがって，公共的性格を有するものが多い。しかし，持続性を高めるためには事業性が不可欠であり，そのために地域性を加味した経営上の工夫が必要となる。その点については，第６章における事業規模の最適化プロセスの検証が参考になる。

・多様な協働のあり方と行政の立ち位置

地域コミュニティ主体の復興を考える際，重要となってくるのが自治体（県，市町村などの地方公共団体）の役割である。前掲『復興への提言～悲惨のなかの希望～』では，先に紹介した７原則の２番目において，「国は復興の全体方針と制度設計によってそれを支える」とされていたが，そこに自治体の役割は記されなかった。提言においては「国や自治体」と明記しても良かったのではないだろうか。市民参加や協働を進めるとなると，常に行政の関与度が問題となってくるからである。自治体は制度設計を行いつつも，時に地域コミュニティの側に立って，地域目線で復興を支えてきた。一方で，地域コミュニティに対して過剰な関与があると，市民の主体性が損なわれ，結果として，協働・共創が生まれにくい雰囲気が生まれてしまう。市民と直接接する自治体の役割は重要である。ここでは，あらためて，「協働」という概念を再確認する必要があろう。

協働は，1990年代において日本各地に広がった概念である。荒木昭次郎によって提唱され，今では辞書にも採録されるほどに一般化している。荒木は，アメリカ・インディアナ大学のビンセント・オストロムが1977年に提唱した「co-production」という概念をもとに，日本における協働の考え方を定義した。その定義は，「地域住民と自治体職員とが，心をあわせ，力をあわせ，助け合って，地域住民の福祉の向上に有用であると自治体政府が住民の意思に基づいて判断した公共的性質を持つ財やサービスを生産し，供給していく活動体系」といったものであった。1990年代に協働の概念が日本各地に浸透していった背景には，バブル崩壊を受け経済の低成長期を迎えていた当時，日本各地の自治体では，行財政の悪化や地方分権改革，市町村合併が進められたなかで人手不足の課題があった。このことにより，協働が行政としても渡りに船の施策となっていた。協働はポジティブな概念であるが，いわば行政の限界を暗に示す言葉であったといっても過言ではない。このような状況下で，非営利組織においても，各種計画への参加や実効性のある提言の必要性を認めており，積極的に協働が進められていった。

しかし，震災以前には，協働が各地で必ずしも順風満帆に展開されていたわけではなく，特に，行政と市民との対等性をいかに構築するかといった問題は多く議論がなされていた。そのことを踏まえつつ，東日本大震災の復興過程をみると，震災以前の協働の試行錯誤が，結果として事前復興となっていたといえる。試行的に取り組まれてきた協働が，多様な連携が生まれる土台となり，例えば，震災時の避難所運営や復興ビジョンの策定過程において心のこもった連携の促進につながっていった。一方で，先に述べたように，行政と市民という2つの主体だけでは未曽有の大災害には対応できようもなく，多様なセクターの連携が復興の現場では自然と展開されていた。その実態を踏まえて，荒木は協働の概念を再定義している。「異なる複数の主体が互いに共有可能な目標を設定し，その目標を達成していくために，各主体が対等な立場に立って自主・自律的に相互交流しあい，単一主体で取り組むよりも効率的に，そして相乗効果的に目標を達成していくことが出来る手段」と改めたのである。協働の概念の深化にあたって，行政を陳情の窓口ではなく，協働先として捉える市民側の認識の変化もみられてきた。また，地域により目を向けてみると，協働の実例にも地域性・多様性が見られ，違いが鮮明になってきた。そうしたことから，行政による協働のマネジメントのあり方も再考する時期にきているといえるのである。

この間，行政の協働政策にも変化が見られてきた。特に，PPP（Public Private Partnership）と呼ばれる，行政と民間の共同事業が多く導入されてきた。PPPは，公民連携や官民連携とも呼称されており，これは，行政が行ってきた公共サービスや公共施設の運営管理を民間に移譲する事業であり，人口減少下での税収減を見据えた行政コストの削減だけでなく，民間企業の経営感覚の導入による新たな価値の創造をも狙いとしている。

本書においても，PPPの事例を第6章と第7章にて取り上げている。復興過程ではPPP手法を用いて実施された岩手県紫波町のオガールプロジェクトは好事例となって広がりを見せた。第6章で取り上げた女川町におけるまちづくり会社を主体とした公民連携によるエリアマネジメントの事例もその1つである。また，PPP 手法には，PFI や DBO，コンセッションなど，いくつかの手段があるが，地域コミュニティレベルでは，これも PPP 手法の 1 つに位置づけられる指定管理者制度が多用されている。第 7 章では，津波による被災自治体に隣接する内陸部の交流拠点を題材に，指定管理者制度の下での産学官の有機的な連携のあり方を示している。

さて，以上のように，大震災を経て協働の有り様は今も変化していることや，協働の推進が事前復興につながっていたことを述べてきたが，実際のところ，特に災害直後は，現場での即興的な対応といった側面が強かった。その際に，どのように連携や協働の手法をとるかの判断がなされ，どのように対応できたかといったことが，市民参加型のまちづくりの成否を握る鍵となっていた。そして，すぐさま制度設計のフェイズに移行していったのであり，復興計画の策定と実施を中心に，自治体も制度設計の面から復興を支えたことを記しておきたい。このように，地域コミュニティ主体の復興まちづくりとはいえ，行政が果たす役割なしでは成り立たないのであり，一方で，行政の立ち位置と関与の度合いによっては，主体性が損なわれるという，微妙なバランスのマネジメントが求められたのであった。

なお，震災復興の過程で地域において活用された制度が，本書で示した事例からも確認できる。しかし，それらは震災とほぼ同時期に創設された制度であり，その点に留意しておく必要がある。例えば，6 次産業化法（正式名称：地域資源を活用した農林漁業者等による新事業の創出等及び地域の農林水産物の利用促進に関する法律）は 2011 年の 3 月 1 日に施行されており，また，再生可能エネルギーの固定価格買取制度を定めた FIT 法（正式名称：電気事業者による再生可能エネルギー電気の調達に関する特別措置法）が閣議決定されたのは，同年 3 月 11 日の午前中であった。法律や制度が整えば，それに伴って予算がついてくるのであり，こうした政策をどう使いこなすか，大震災の被害を受けた自治体では対応が困難であったものの，視野に入れておくべき議論である。

本書では，第８章において，登米市で展開された市民参加型の太陽光発電事業について，地域との合意形成の過程および法人設立の経緯，資金調達のスキームに関する検証を行っている。地産地消エネルギーを旗印に展開された再生エネルギーの導入に関する考察である。ただし，本事例のように，再生可能エネルギーによって得られた資金を地域活性化の原資とすべく展開された太陽光発電事業は稀であり，持続可能な地域経営を考える上では，制度設計において，世界風力エネルギー学協会（World Wind Energy Association）が示す「コミュニティ・パワーの三原則」（2011）が強調されなかったことが悔やまれる。三原則では，「①地域の利害関係者がプロジェクトの大半もしくはすべてを所有している，②プロジェクトの意思決定はコミュニティに基礎をおく組織によって行われる，③社会的・経済的便益の多数もしくはすべては地域に分配される」といった事項が示されており，そのうち２つ以上の条件を満たすことがコミュニティ・パワーの要件とされる。今後の地域での展開を踏まえ，地域内経済循環を目標とする地方経済政策においては，引き続き留意すべき論点である。

以上のように，本書は，シリーズの最終巻として，復興過程で展開された市民参加型のまちづくり事業について，コミュニティ・プレイスとパートナーシップに着目し，８章構成で論を展開する。いずれも実践者，および中間支援者が執筆した論考である。そして，結言において，復興の10年間を踏まえた持続可能な地域経営に関する論考を著者のメッセージと共に掲載している。本書が多くの方々の目に留まり，広く参照されることを期待している。

参考文献

風見正三・佐々木秀之（2018）『復興から学ぶ市民参加型のまちづくり　中間支援とネットワーキング』創成社.

風見正三・佐々木秀之（2020）『復興から学ぶ市民参加型のまちづくりⅡ　ソーシャルビジネスと地域コミュニティ』創成社.

佐々木秀之ほか（2020）「東日本大震災を踏まえた協働概念の変遷とあらためて考える行政と地域住民による協働」『東北計画行政研究』第 5 号，pp.25-30.
佐々木秀之ほか（2021）「東北における固定価格買取制度の経済的影響　太陽光発電と風力発電を中心に」『東北計画行政研究』第 6 号，pp.31-37.
佐々木秀之（2021）「地域コミュニティ主体の復興とレジリエンス」『自然と歴史を活かした震災復興　持続可能性とレジリエンスを高める景観再生』東京大学出版会，pp.169-194.

目　次

第 1 章

広場型集会所から生まれる新たな共創コミュニティ
―仙台市・南蒲生町内会の事例―

1．はじめに

本章で取り上げる南蒲生町内会は，「杜の都」仙台の田園的・農村的側面を象徴する重要な景観・環境が残されてきた地区であったが，2011 年 3 月 11 日に発生した東日本大震災の甚大な津波被害によって状況は一変してしまった。

南蒲生町内会は住民主体の復興を強く意識し，広く市民の参加と，行政の支援を得ながら，活動を展開してきた。その過程において，新たな価値観や仕組みを取り入れることにより，町内会を計画策定の主体及び計画地域と位置付け，復興計画とアクションプランを策定してきた。仙台市沿岸部でみれば，200 世帯を超える集落での現地復興を目指す地域は他に無く，町内会主体のこの取り組みは，100 万人規模の都市近郊における復興モデルとして特徴的な試みといえる。本章では，2015 年 3 月に完成した南蒲生集会所の再建の過程と，集会所を活用した住民主体の復興まちづくりのプロセスについて述べる。

（1）南蒲生町内会について

南蒲生町内会は，仙台市宮城野区沿岸部の「岡田地区」に含まれ，2011 年 2 月末時点の住民基本台帳では，人口 892 人，290 世帯，面積は 204.9ha であった。

図表１－１　南蒲生町内会の位置

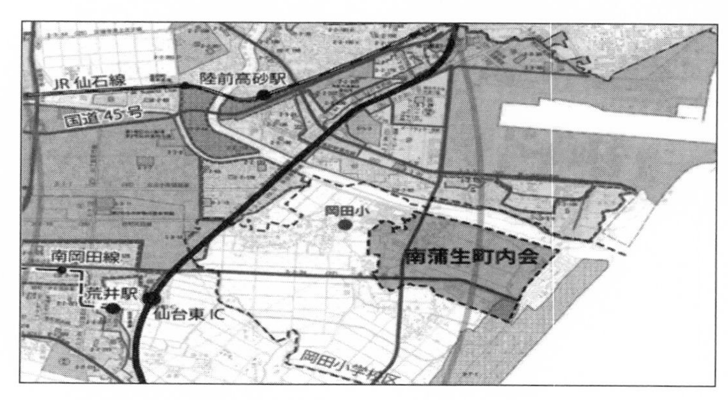

出所：南蒲生町内会（2013）より引用，一部改変。

高度経済成長期以降，仙台市域で急速な都市化が進むなか，南蒲生町内会は市街化調整区域・農業振興地域（白地地域）として田園風景が維持され，北側は七北田川，東側は蒲生海岸に隣接し，沿岸部には，海岸林や貞山運河等の自然資源が多くあり，また，海辺の暮らしや居久根と呼ばれる屋敷林（後述）など，地域の景観を織りなす伝統文化に関わる人文資源も多く残されてきた。

（2）町内会を主体とした自治

仙台市では，「町内会」が代表的な住民自治組織として活動を展開しており，区や市との連携体制を含めて，まちづくりにおいて重要な役割を果たしている。岡田地区のまちづくりを考える場合，大きく５つの組織との関係性を把握しておく必要がある。その構成図を図表１－２に示した。地域住民との関係性が近いところから順に解説する。まず，1）家（個人宅）および班（個人宅数軒）によって構成され，最も基礎的な組織として位置づけられる「単位町内会」である。単位町内会は，住民によって任意的に組織された住民自治組織である。本事例の場合，南蒲生町内会が単位町内会に該当する。次いで，2）「町内会連絡協議会」である。これは，単位町内会間の連絡・連携を担う任意組織である。

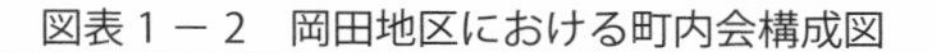
図表１－２　岡田地区における町内会構成図

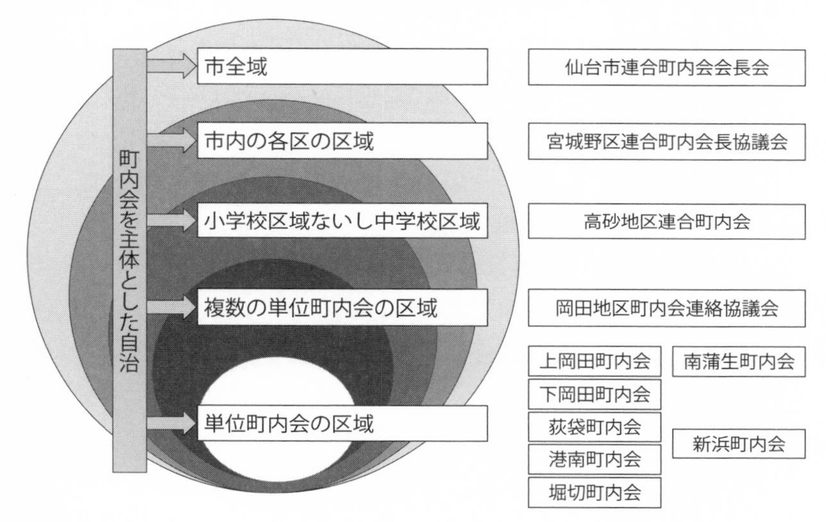

出所：筆者作成。

本事例の場合，小学校区域をエリアとし，岡田地区にある７つの単位町内会によって構成される岡田地区町内会連絡協議会が該当する。そして，3)「連合町内会」である。これは小学校区域ないし中学校区域をエリアとする。仙台市全域では119の連合町内会があり，そのうち岡田地区のある宮城野区には13ある。南蒲生町内会が属しているのは，高砂地区連合町内会である。さらに，4)「区連合町内会長協議会」があり，各区の連合町内会の会長が出席する。最後に，5)「仙台市連合町内会会長会」があり，ここは各区から選出される連合町内会長協議会の代表（地区連合町内会長）が出席する。仙台市は５つの区によって構成されており，対象者はおのずと５名となる。仙台市の場合，このような階層性をもって，市民の市政への積極的な参加を促すための組織が構成されており，市民協働によるまちづくりが展開されてきたのである。

以降では主に南蒲生町内会という単位町内会に着目して，復興まちづくりのあり方に関する考察を進める。繰り返しになるが，岡田地区の場合，図表１－

2の通り，地区内に7つの単位町内会が存在する。例えば夏祭りの開催は，単位町内会ごとに実施されるものに加え，7町内会合同でのイベントが，町内会共通（学区）の拠点となる岡田小学校で実施されている。復興過程では，復興のフェーズや案件の内容によって，臨機応変に各階層の組織が対応にあたったのである。

（3）岡田地区の人口・世帯の動態と居久根の変化

岡田地区の人口総数と世帯数について，震災当時（2011年）の人口総数は4,074人，世帯数は約1,400世帯（住民基本台帳登録数）であった。震災後は地区外への転出により人口・世帯数ともに一時減少したが，地区内での現地再建や移転再建が進み，図表1－3からは，2016年（平成28年）から2017年（平成29年）にかけての人口は震災当時の水準まで回復していることが見てとれる。しか

図表1－3　岡田地区の人口総数及び世帯数

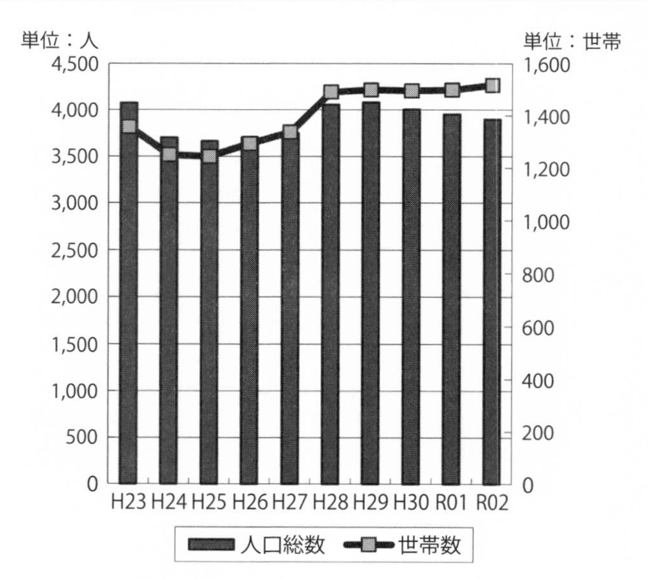

出所：仙台市（2020）より引用。

し，以後は減少に転じている。他方，世帯数は2020年（令和２年）４月１日時点で約1,500世帯と，震災時よりも増加している。

この地区の特徴として，農家の敷地には，防風と採光の観点から西側と北側に屋敷林が配置されており，これが「居久根」と呼ばれていた。しかし，近年では，この「居久根」の管理が課題となっていた。居久根から得られる落ち葉や木材は，かつては農家の生活において，調理や暖をとるための燃料やそのまま販売される収入源として活用されていたが，ライフスタイルの変化と共に，生活とは離れたものになっていった。その結果，維持・管理の手間だけが残ってしまい，個人での維持，管理が負担となり，生活に要しないものとなりつつあった。

しかし，まちづくり計画を策定するとなると，農地を含む田園風景が地区の象徴とされ，行政や支援者がそれを活かそうとする動きがみられるのである。

2．震災の状況と地域課題

（1）三者三様の住宅再建

東日本大震災では，仙台市にある５つの区（青葉区，宮城野区，若林区，太白区，泉区）において，宮城野区では震度６強を，青葉区・若林区・泉区では震度６弱，太白区では震度５強を観測した。特に，東部沿岸地域に位置する宮城野区と若林区は津波による甚大な被害を受けた。南蒲生町内会エリアにおいては，その全域が海岸からの津波と七北田川を逆流して河川堤防を越流した波によって浸水し（図表１－４），住民約30名が犠牲となった。

震災直後，岡田地区では，岡田小学校に避難所が開設され，その運営は７つの単位町内会が合同で行うなど，震災以前のコミュニティが機能した。2011年４月には市民ボランティア団体と社会福祉協議会の協力を得て，岡田小学校の近くに災害ボランティアセンター「岡田サテライト」が設置された。８月には社会福祉協議会が運営から離れ，「仙台津波復興支援センター」としての運営にシフトし，地域のさまざまなニーズに対して機動的かつ柔軟に支援を行

図表１－４　南蒲生町内会の津波浸水範囲と浸水高

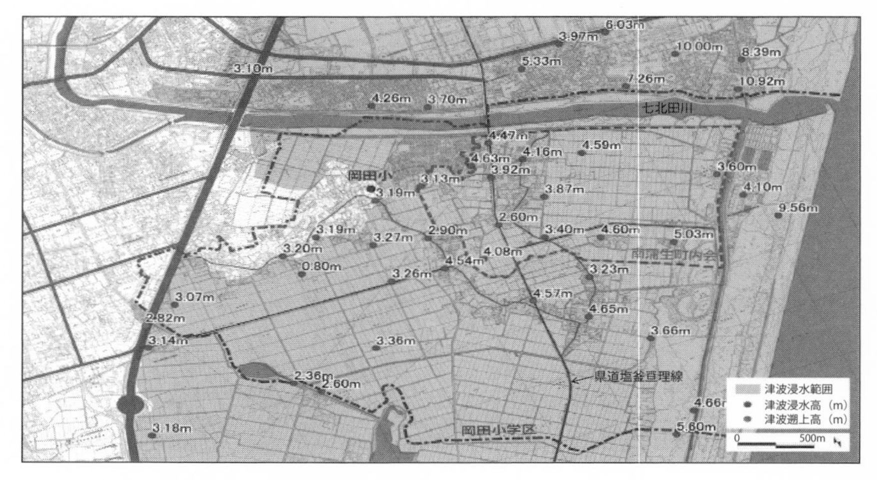

出所：南蒲生町内会（2013）を基に一部改変。

い，岡田地区の早期の復旧・現地再建を支えた。

同じく８月より仙台市では，「東部地域まちづくり説明会」を開催し，津波シミュレーションによるリスク評価を踏まえて，将来的な津波リスクが著しく高いと判断された沿岸部を，広範囲に渡って災害危険区域に指定する方針を示した。しかし，岡田地区の７町内会で結成した「岡田地区災害復興委員会」はこの方針の見直しを求め，10月に陳情書「東日本大震災による岡田地区復興計画」を提出した。この陳情書では，岡田小学校を中心としたまちづくり・地域づくりを復興の基本とし，1）県道塩釜亘理線の東側に対する危険区域指定への反対，2）防潮堤・堤防の整備，3）県道塩釜亘理線のかさ上げルート（新浜・南蒲生部分）の変更，4）移転希望者への岡田地区への移転・集約化，5）仙台市地下鉄荒井駅からの延伸による新しい視点でのまちづくり，の５点を要望した。

この要望を踏まえ，仙台市では国や県等との意見調整を行いながら，津波浸水シミュレーションを見直し，移転対象となる区域の再検討を進めた。最終的には 2011 年 11 月に災害危険区域の見直しが行われた。加えて，同年 11 月に策定された「仙台市震災復興計画」では，海岸堤防やかさ上げ道路といった津波防御施設の整備により，可能な限り災害危険区域を縮小することを基本とした。他方，かさ上げ道路の西側の地区については移転対象外とし，また，移転にかかる資金面での負担軽減や，移転対象地区外からの流入や現地再建に対し，市独自の支援制度を創設することが明記された。

南蒲生町内会エリアの一部は仙台市の設定する「災害危険区域」の対象となったが，その境界の一部が当初設定された位置から海側に移動したことにより，南蒲生町内会の中心部に位置する鍋沼集落が災害危険区域から外れることになった。災害危険区域の設定及び線引きの変更により，同じ町内の住民が，1）災害危険区域内に位置し，防災集団移転促進事業により移転する，2）災害

図表１－５　災害危険区域の設定と南蒲生町内会の面積・人口・世帯

面積	204.9ha【うち　災害危険区域：70.8ha（34.6%）　区域外：65.4ha（65.4%）】
人口	892 人　【うち　災害危険区域：98 人（11.0%）　区域外：794 人（89.0%）】
世帯	290 世帯【うち　災害危険区域：30 世帯（10.3%）　区域外：260 世帯（89.7%）】

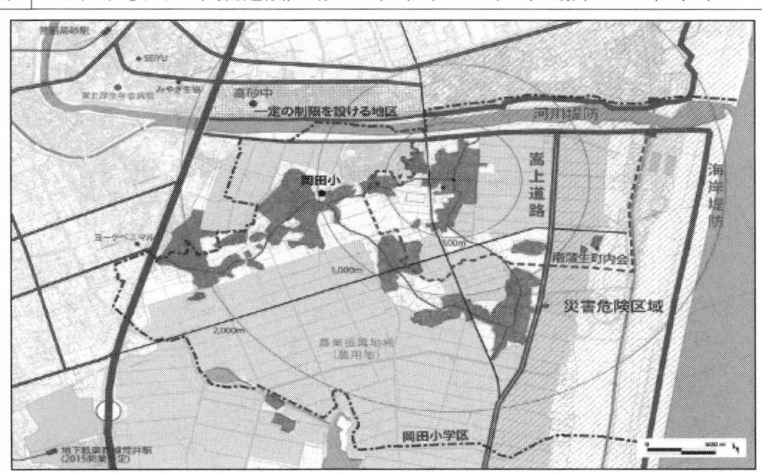

出所：南蒲生町内会（2013）より引用。

危険区域外に位置し，移転を希望する，3）災害危険区域外に位置し現地再建を希望する，3パターンに分かれ，「三者三様」の状況におかれることとなった。地域住民は，このように個々の住宅再建において，それぞれの不安や悩みを抱えつつ，復興まちづくりに取り組むこととなった。

（2）まちづくり活動の拠点整備

南蒲生町内会の復興まちづくりは，「現地再建」を中心に，移転事業による再建（防災集団移転促進事業）と個別の移転による再建（自主再建）の希望が混在する状況で開始され，町内会は専門家（まちづくりコンサルタント）の派遣を仙台市に要望した。要望を受け，仙台市では，防災力の向上や地域コミュニティの再生を図りながら，被災した住宅等の再建を進める新たなまちづくりを支援するため，まちづくり専門家・コンサルタントの派遣を決定し，復興まちづくり計画の策定や，計画に基づく取り組み等の支援（津波被災地域まちづくり支援

図表1－6　南蒲生町内会の復興推進体制

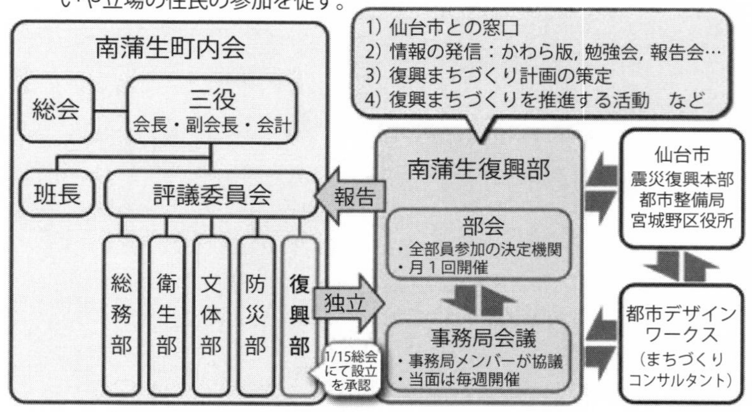

出所：南蒲生町内会（2013）を基に一部改変。

事業）を行うこととした。

そして，2012年1月，町内会組織内に「復興部」を新設し，復興まちづくりの推進体制を構築した。地区内の若手らを中心に20名で組織された復興部は，報告会の開催やブログによって住民への情報提供を機動的に行った。また，復興部の活動や議論で出た意見は遅滞なく町内会本体へ伝達され，町内会の意思決定に対して効果的な役割を果たしていた。ほぼ毎週開催された復興部事務局会議の内容は，月次で町内会住民に報告されたことも重要であった。また，仙台市よりコンサルタントとして派遣されたNPO法人都市デザインワークスは，復興部の事務局とアドバイザーを兼ね，要望書や基本計画の検討会議では，ファシリテーター，議事録作成，資料作成に携わった。

復興まちづくりの指針となる「南蒲生復興まちづくり基本計画」は，2012年12月に完成した（図表1－7）。現地再建の柱となるこの基本計画は，杜の都の田園文化の継承を念頭に「新しい田舎」というコンセプトが設定され，以下の3つのプロジェクト，1）安全・安心な暮らしができる環境づくり，2）次

図表1－7　南蒲生復興まちづくり基本計画

出所：南蒲生町内会（2013）より引用。

代につなぐ居久根のある景観づくり，3）南蒲生らしさを活かした産業・交流づくりが掲げられた。

その頃には，仙台市による住宅再建時の利子補給や現地再建に係る支援を受け，地域住民の生活再建が進み，南蒲生町内会では約200世帯（当時）が現地再建を果たした。復興まちづくりプロジェクトの担い手を確保するため，町内会各部（防災，環境，文体）や関連団体（子ども会，婦人防火クラブ，防犯協会，老人クラブなど）の活動する場として，津波で全壊した旧南蒲生集会所に代わる新たな拠点づくりが課題となった。

3．集会所の建設プロセス

（1）多様な住民参加型委員会とコンセプトの策定

新たな交流拠点として，集会所の再建が決定された。図表１－８に新集会所の建設プロセスを示す。拠点整備にあたっては，兵庫県からの義援金を財源とする宮城県の「被災地域交流拠点施設整備事業」を活用した。

はじめに，町内で活動する各団体等の代表や従前の集会所を頻繁に利用していた団体（老人クラブや農業実行組合等）の長に声がけをして，2014年５月に，多世代による住民参加型のワークショップを実施した。そのねらいは，町内の各団体による旧集会所の使用状況の把握や，新集会所のコンセプトを検討することであった。その後，町内会役員と復興部を中心に集会所建設委員会準備会を設立し，検討を行った。

図表１－９は，ワークショップを通して導き出されたコンセプトと配置イメージである。「ふだんづかい」の集会所というコンセプトは，住宅再建に伴う環境の変化からつくり上げられた。仮設住宅では隣近所が近く交流が盛んであったが，現地に戻ってからは少し距離があるため，この集会所が「ふだんづかい」の場所になり，住民のつながりを取り戻したいという想いが込められた。

同じく図表１－９に示した５つのポイントには，住民同士のつながりのような「内」を意識した場所（(1) 行けば誰かに会える場所，(2) 気軽に・気楽に集まる

図表1－8 「南蒲生新集会所」建設に係る年表

年月	出来事
2014年5月	集会所WS①／各団体による旧集会所使用状況の確認
	集会所WS②／新集会所のコンセプトの決定
	集会所建設委員会準備会の設置／WS①②の振り返り，設計条件の検討
	集会所視察①／宮城野区岩切洞ノ口公民館
2014年6月	集会所視察②／宮城野区福田町横丁集会所
	集会所建設委員会（以下，委員会）の発足／設計条件，コンペ参加業者の検討
	委員会／コンペ参加業者への設計条件提示，採用案選定の方法の検討
2014年7月	委員会／一次審査：コンペ参加業者からのプレゼンテーション
	中越復興まちづくり視察研修会（3日間）／震災メモリアル，地域アーカイブ，情報発信等の拠点施設の視察
	委員会／最終二次審査　審査委員による業者評価・選定
2014年8月	委員会／選定経緯，提案プランについての要望事項，本体工事の範囲（補助金等）の検討
	委員会／備品工事，台所，外壁内壁仕上げに関する検討
2014年9月	地鎮祭，建設委員会／電気設備，各種申請に関する検討
2014年10月	委員会／屋根，外壁，サッシ，樋，IH機器，電話ボックスに関する検討
2014年11月	委員会／工程，内部仕上げ，キッチン仕様，スイッチ，コンセント位置確認
2015年3月	集会所引き渡し／黒板塗装WS，内覧会
	国連防災世界会議／潘基文国連事務総長（当時）来訪，スタディツアーIN南蒲生 開催
2015年6月	落成式
2016年3月	震災モニュメント除幕式

出所：南蒲生町内会（2016）を基に筆者作成。

ことができる場所，(3) 世代間の交流が生まれる場所）だけではなく，ボランティアやNPO等の支援者をはじめとする，「外」を意識した場所（(4) 来街者も立ち寄れる場所・おもてなしの場所）が掲げられている。後者のアイデアは，復興部によって2014年7月に実施された，「中越復興まちづくり視察研修会」において，新集会所の活用方法を検討した際に提案されたものである。2004年に発生した新潟県中越大震災での被害状況や立地条件など，東日本大震災との違いはあるが，旧山古志村等の震災メモリアル施設や住民交流施設の視察は，新集会所のコンセプトに「外」の意識をもたらし，後述の「広場型の集会所」の

図表1－9　新集会所のコンセプトと設計条件

<table>
<tr><td colspan="3">コンセプト：「ふだんづかい」の集会所</td></tr>
<tr><td rowspan="5">5つのポイント</td><td>(1) 行けば誰かに会える場所</td><td>・(岡田会館との使い分けを考えると) 時間的制約がない，手続きがいらない場所に。
・「カギのいらない集会所」</td></tr>
<tr><td>(2) 気軽に・気楽に集まることのできる場所</td><td>・震災後離ればなれになったコミュニティでは，「集まる」意味が一層深い。
・ちょっと立ち寄れる場所に。
・料理教室，視察案内やおもてなしなどに。
・2～3人でも使える場所に。</td></tr>
<tr><td>(3) 世代間の交流が生まれる場所</td><td>・お年寄りと子供，お年寄りと若い世代というように，世代間の接点になるような場所に。</td></tr>
<tr><td>(4) 来街者も立ち寄れる場所・おもてなしの場所</td><td>・南蒲生「らしさ」でおもてなしのできる場所に。
・山古志の場合 ⇒ 押し縁下見板
・南蒲生の場合 ⇒ みんなの居久根？ 囲炉裏など？
・都市部の人，若い人には新鮮に映るのではないか。</td></tr>
<tr><td>(5) 頻繁な会合，緊急な打合せでも使える場所</td><td>・既存団体（老人クラブ，実行組合など）の打合せ，寄り合いなどに使える場所に。
・打合せも懇親会も両方できる場所に。</td></tr>
<tr><td>主な仕様</td><td colspan="2"><建物の配置>
主な居室である集会室，および建物全体を東向きにし，見通しを良くすること。または，それに準ずる工夫をすること。(防犯上の理由から)
<集会室>
・従前と同程度の面積を想定する。
・空間を有効活用するための工夫を間取りやキッチン等の設備に反映させること。
・間仕切りは極力減らし，外部空間との繋がりをもてるように工夫をされた居室とすること。
<台所>
・集会室とのつながりを意識したオープンなつくりにすること。
<建物＋敷地>
・外と中とが一体的に使用できるよう配置すること。
・雨でも外での利用ができるよう，下屋空間などを設けること。
・建物の外観は「南蒲生らしさ」を表現できるものとすること。
<玄関>
・土間空間をなるべく広く設け，上がり口の段差を無くすこと。
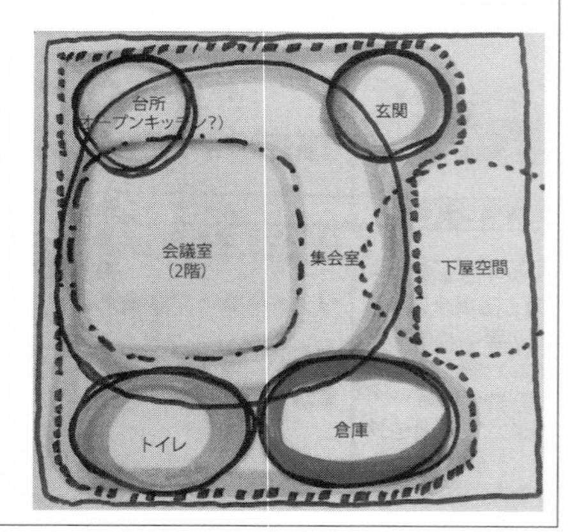
</td></tr>
</table>

出所：建設委員会資料を基に筆者作成。

構想へと大きな影響を与えた。

その後，上記の準備会からの提案を踏まえ，南蒲生町内会の新集会所建設のために2014年6月に組織された集会所建設委員会（以下，委員会）が設置された。

円滑かつ迅速な合意形成がなされるよう，協議した内容はその都度町内会に報告された。一方で，設計，業者の選定や計画遂行の実務に関わる部分などは委員会の役割であった。図表1－10に委員会の名簿を示す。委員の任期は新集会所の竣工までとし，町内会長をはじめとする役員の他，次世代や女性の視点を反映させるために復興部から若者や女性の委員が選任された。また，町外からの視点を設計・建設に活かすため，外部委員として「南蒲生復興まちづく

図表1－10　集会所建設委員会名簿

	役職	所属
1	委員長	町内会長
2	副委員長	副町内会長
3	委員	会計
4	委員	復興部長
5	委員	評議員・復興部
6	委員	町内会
7	委員	評議員
8	委員	評議員
9	委員	まちおこし代表
10	委員	復興部若手代表
11	委員	復興部若手女性代表
12	委員	えんの会代表
13	委員	子ども会代表
14	オブザーバー	都市デザインワークス
15	オブザーバー	宮城野区まちづくり推進課
16	委員（司会）	評議員・総務部
17	委員（書記）	評議員・総務部
18	委員（書記）	評議員・総務部

出所：建設委員会資料を基に筆者作成。

り基本計画」策定に携わったNPO法人都市デザインワークスが引き続き参加することとなった。加えて，前述の宮城県「被災地域交流拠点施設整備事業」の担当窓口である宮城野区まちづくり推進課もオブザーバーとして委員会へ参加することとなった。

2014年7月には，委員会により提示された「新集会所のコンセプトと設計条件」（図表1－9）をもとに，3事業者が参加したコンペが開催された。審査は2段階で行われた。必要書類と提案に対する建設委員全員での1次審査を行い，その結果を踏まえ，2次審査は審査員（建設委員会から5名，町内建築精通者1名，外部専門家1名の計7名）による協議を行った。結果として，「広場型の集会所」の提案が採択されることとなり，事業者が決定した。

また，上記の1次審査と2次審査の間には，前述した，復興部による中越復興まちづくり視察研修会を実施した。各地の震災メモリアル施設や地域アーカイブの先進事例を中心に視察を行った。

その後，2014年9月に竣工し，竣工後も図表1－8に示したように，集会所内外の仕様や工程を検討するために委員会が毎月開催され，2015年3月に完成を迎えた。

図表1－11　南蒲生集会所　外観

出所：「建築工房DADA」websiteより引用（https://dada-arc.com/works/town_planning-minamigamou/）。

（2）地域内外の交流を創出する「広場型」の集会所

集会所の建物は，図表１－12の通り，「3つのひろば」と「管理棟」で構成されている。

「3つのひろば」は，屋内ひろば（集会室）から軒先ひろば・青空ひろばに向かって天井を高く確保した。また，季節や天候などの環境，利用形態に合わせ多様かつフレキシブルな使い方が確保できるよう，3つのひろばが一体的になるようにデザインされた。

図表１－13にある「屋内ひろば」は，テーブルやイスを自由にレイアウトし日常的な打ち合わせや発表会等でフレキシブルに使用できる空間として設計

図表１－12　広場型集会所の創出イメージ

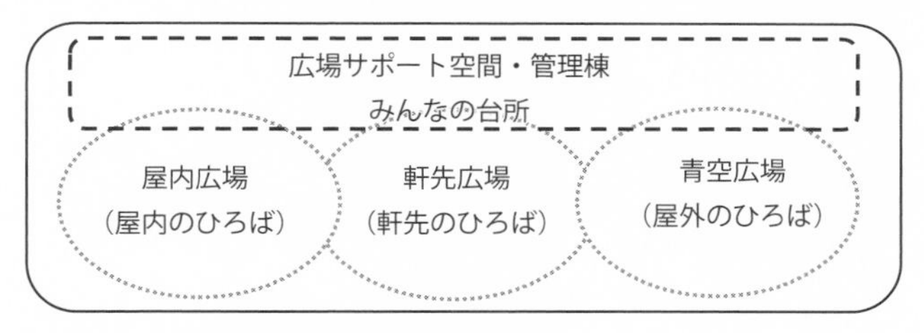

出所：建設委員会資料を基に筆者作成。

図表１－13　屋内ひろば

出所：「共栄ハウジング株式会社」websiteより引用（https://kyouei-housing.jp/works/691/）。

図表１－14　屋内ひろばでの壁ぬりワークショップの様子

出所：筆者撮影。

図表１－15　軒先ひろば（左）と青空ひろば（右）

出所：「共栄ハウジング株式会社」website より引用（https://kyouei-housing.jp/works/691/）。

された。また，メインの壁面はあえて完成させず，引き渡し後に住民参加での壁ぬりワークショップを実施した。自分たちの手で黒板塗料と漆喰での仕上げを行い，住民によるオリジナルな集会所づくりを目指した（図表１－14）。

軒先ひろばは，人や光，風を呼び込む門型フレームが採用され，屋内ひろばと青空ひろばおよび管理棟とのつながりを生み，半屋外空間でのさまざまな活動が実現できるように設計された。それにより，集会所の周辺環境との連続性

図表1－16　集会所　管理棟1階「みんなの台所」

出所：「建築工房 DADA」website より引用（https://dada-arc.com/works/town_planning-minamigamou/）。

図表1－17　集会所　管理棟2階「アーカイブスペース」

出所：筆者撮影。

が生まれ，地域住民の自由な往来を企図して設計された青空ひろばと合わせ，「まち」に開いた集会所のイメージを形成している。

「管理棟」は外壁を木板で覆うことによって，まちかどのシンボリックな場所となるように設計された。1階にはキッチン「みんなの台所」（図表1－16），2階の団らん室には，地域の歴史や震災復興の歩みなどの資料を展示する「アーカイブスペース」（図表1－17）が設置されている。

4．集会所の活用事例

（1）震災アーカイブ／伝承の拠点

前述の復興部で実施した，新潟県の中越復興まちづくり視察研修会での学びから，管理棟2階の団らん室には震災関連資料を，青空ひろばには津波浸水高のサインと震災モニュメントを設置した（図表1－18）。

集会所完成直後の2015年3月に開催された第3回国連防災世界会議の際，南蒲生地区は，世界各国からの参加者に震災からの復興の歩みを伝えるスタディツアーの視察コースとなり，南蒲生集会所に潘基文国連事務総長（当時）をはじめとする国連関係者の一団が視察に訪れた。町内会主体の復興まちづくりの説明やすずめ踊りの披露など，地域住民との交流が行われた。その経験をもとに，南蒲生町内会では集会所を「震災アーカイブ／伝承の拠点」としても位置づけ，米国・ポートランドやノルウェー等の海外からの視察の対応も行っている。

図表1－18　震災を伝える機能（一部）

出所：筆者撮影。

図表１－19　国連防災世界会議の視察の様子

出所：筆者撮影。

図表１－20　米国・ポートランド州立大学の視察の様子

出所：「宮城大学」Web サイトより引用（https://www.myu.ac.jp/academics/news/folder002/2019/623international-field-trip/）。

（2）「農」を介してコミュニティをつなぐ

集会所が完成した2015年３月には，町内会が主体となって取り組むべき復興まちづくり実施計画である「南蒲生地区まちづくりアクションプラン」が策定された。策定の過程では，住民が地域の現状や将来像について共有し，とも

図表1－21　南蒲生地区まちづくりアクションプラン

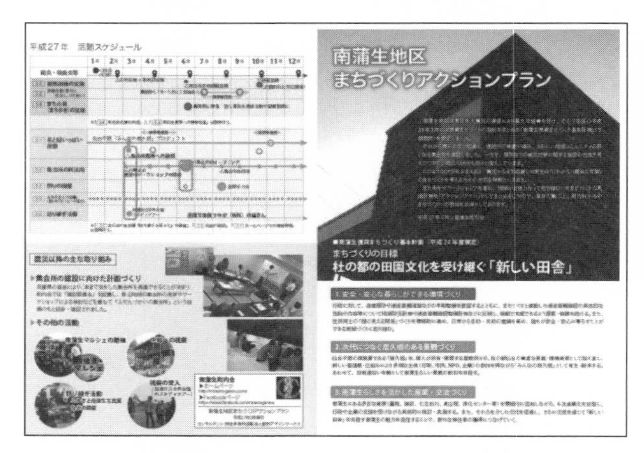

出所：NPO法人都市デザインワークスWebサイトより引用（http://www.udworks.net/wp-content/uploads/2015/05/5ec510ca75fb9cb82cd135ad99e867eb.pdf）。

に考える機会を設け，計画策定のプロセスへの巻き込みによって，住民が主体的にまちづくりに参加する機運を高めていった。2015年3月は東日本大震災から4年が経過した時であり，仙台市の震災復興の事業期間とされた5年を念頭に，災害復興に対応する体制から，平時のまちづくりを支える体制への移行が企図された。そして，復興部では，2016年からの新体制案を検討し，それを町内会本体に提案し，2015年12月に町内会全体の体制再編が行われ，復興部は発展的解散となった。

復興部のメンバーは，震災前から活動していた「まちおこし会」に所属し，引き続き町内のまちづくりを推進している。この「まちおこし会」が実質的に復興部の役割を引き継ぐ主体となり，計画に定められた各種プロジェクトを実行している。また，集会所の活用に関する助成金等のサポートを受け，町内会各部とともに活動を展開している。これまでの取り組みとして，仙台平野の原風景である「居久根」を「杜の都」仙台における貴重な景観・環境資源と捉え直し，現在の暮らし方に合う形で緑化再生を行う「イグネスクール」（主催：

図表１－22 「屋外ひろば」でのスクールの様子

出所：みんなの居久根プロジェクト Facebook ページより引用。

図表１－23 「軒先ひろば」での収穫祭の様子

出所：みんなの居久根プロジェクト Facebook ページより引用。

NPO 法人都市デザインワークス）への参加や，集会所隣地を「みんなの畑」として借りてサツマイモやトウモロコシなどの苗を植え，毎年秋に収穫祭を実施する「みんなの畑プロジェクト」を主催し，町内外との農業を介した交流を進めている。

図表1－24 「みんなの畑プロジェクト」リーフレット

出所：みんなの居久根プロジェクト Facebook ページより引用。

5．おわりに

南蒲生町内会においては，まちづくり協議会等を新設するのではなく，旧来の単位町内会の枠組みの中に，復興に資する活動に特化した部門が設立され，そこが中心となって復興まちづくりが推進された。町内会が地域住民のニーズの多様化や変化に応じて組織構造を変え，未経験の復興に係る課題に対応していった。

まちづくり計画策定の段階では，派遣されたまちづくりコンサルタントからの各種支援を得ながら，住民が主体となって討議を繰り返した。その過程で，農業や居久根，貞山運河といった地域に深く根付く歴史・文化的な地域資源に対する気づきを引き出しつつ，過去と現在を照らし合わせながらそれらの価値を認識する機会となり，住民の帰属意識を高め，地域の将来像を反映した復興まちづくり計画の策定を実現することができた。

ここで重要であったのは，策定した計画そのものではなく，上記の過程で醸成されていった住民の「開く」という意識である。稲垣（2014；pp.254-255）は，中越大震災の被災地での取り組みから，農山村の復興プロセスにおける「開くこと」の大切さについて，以下のようにまとめている。「個人が開き，開いた個人が増えることで，集落が開く。開いた集落が増えることで，地域が開く。そして，開いた個人，集落，地域同士が，互いのエネルギーを交換するかのように元気になっていった。（～中略～）うまくいかないのは，小さな単位のアプローチを疎かにしていたときか，知らず知らずのうちに閉じる方向に進んでいたときと，相場が決まっていた」とある。

上記を踏まえて，南蒲生町内会の取り組みについて考察する。南蒲生町内会では，最も基礎的な住民自治組織である単位町内会を母体として，その都度討議やワークショップが行われ，「南蒲生復興まちづくり基本計画」の策定や新集会所の建設が進められていった。これらの対話の場は結果として，町内会という集団の中で，地域住民（個人）を徐々に「開いていく」営みであったといえよう。加えて，その過程では，町内会から要望したまちづくりコンサルタントの関与や，中越大震災の被災地への視察など，地域外との関係性を「開く」ことも同時に果たされていった。これらは，地域の未来を構想するという前向きな場で，地域住民間と，地域外とのエネルギー交換がなされていったと捉えられる。そして，そのエネルギーは，まちづくり計画の策定段階で実施した，年間60回を超えるワークショップの経験を基盤として生み出されていったといえよう。こうした地道なプロセスを経て，地域住民が「開き」，そのプロセスを現すような「広場型集会所」という場を共創するに至ったのである。

最後に，今後の展望について述べる。仙台市沿岸部では，脈々と受け継がれてきた海辺の暮らしや地域資源の価値が再認識され，本章で取り上げた南蒲生町内会の事例のような住民自治組織だけではなく，まちづくりの担い手が多様化している。全国各地で見られるようなありふれた海辺の街並みにするのではなく，仙台ならではの海辺の魅力や価値を共創する新たなコミュニティを「広場型集会所」から生み出していきたい。

本章は客観的な記述形式としてきたが，筆者自身も南蒲生町内会に所属し，復興部の事務局長として活動に携わってきた。集会所の建設にあたり，多大なるご支援・ご協力をいただいたNPO法人都市デザインワークス様，宮城野区まちづくり支援課様，株式会社建築工房DADA様，共栄ハウジング株式会社様，そして義援金を頂いた兵庫県の皆さまに深く感謝を申し上げる。

参考文献

稲垣文彦（2014）「個人を開き，集落を開き，地域を開く」『震災復興が語る農山村再生―地域づくりの本質』コモンズ，pp.248-255。
仙台市（2017）『東日本大震災 仙台市復興五年記録誌』。
仙台市（2020）『地域情報ファイル　岡田地区』。
南蒲生町内会（2013）『南蒲生復興まちづくり基本計画』。
南蒲生町内会（2015）『南蒲生地区まちづくりアクションプラン』。
南蒲生町内会（2016）『南蒲生復興5年史』。

第2章

被災地におけるローカル女性とコミュニティのエンパワーメント

—NPO法人ウィメンズアイの事例—

1．はじめに

NPO法人ウィメンズアイ（以下，ウィメンズアイ）は現在，宮城県南三陸町入谷地区の廃校となった小学校跡地に拠点を置き，女性のエンパワーメントを中心に据えた活動を展開している。メインの活動地は南三陸町と気仙沼市だが，東北の主要な被災3県において活動を行う若手女性の国内外でのリーダーシップ研修やネットワーキングなどの広域での活動も行っている。

本章では，ウィメンズアイが女性や女性のコミュニティに対して展開してきた活動のプロセスを紹介する。

（1）南三陸町について

ウィメンズアイが拠点を置く南三陸町は宮城県北東部の三陸復興国立公園の一角をなす沿岸部を有し，北は気仙沼市，西は登米市，南は石巻市に接している。町境は馬蹄形で三方を囲む山が分水嶺をなし，降る雨が清水となって志津川湾に注ぎ込む，自然豊かな町である。養殖が盛んな漁業・水産業をはじめ，林業，農業等の一次産業とその加工が主な産業である。

2011年3月11日，東日本大震災と三陸沿岸を襲った津波で，南三陸町では死者620人，行方不明者211人を数え，全壊3,143戸（2011年2月末日現在の住民基本台帳世帯数の58.62％），半壊・大規模半壊178戸（2011年2月末日現在の住民基本台帳世帯数の3.32％）という甚大な被害を受けた（南三陸町，2020a）。震災前の人口17,432人・5,295世帯に対し，2020年7月末現在の人口は12,478人・4,470世帯（南三陸町，2020b）と，震災後の人口・世帯流出が大きな課題となっている。一方，復興計画の総仕上げとなる南三陸町第2次総合計画（2016～2025年）では「森 里 海 ひと いのちめぐるまち　南三陸」のビジョンを掲げ，自然環境に配慮したエコでサステナブルなまちづくりに力を入れている。

2．活動の経緯

（1）震災直後のボランティア活動と任意団体としての初動

ウィメンズアイの活動は震災直後のボランティアがきっかけであった。東日本大震災の未曾有の人的・物的被害に衝撃を受け，何かせねばという思いに突き動かされ，国内外の人びとが災害ボランティア活動や寄付等の行動に移した。ウィメンズアイ設立メンバーもまた同様の想いを持ちアクションを起こした。震災直後から「誰もが参加できる，1日からでも参加できる」とボランティアを募集していたRQ市民災害救援センター[1)]の呼びかけを通じて，宮城県登米市の旧鱒淵小学校体育館を拠点とした緊急支援活動，東京拠点でのボランティア派遣活動，広報活動などに参加していた。

RQ市民災害救援センターの登米本部に関東から駆けつけた現ウィメンズアイ代表の石本めぐみは，他のボランティアとともに登米市内に開設された南三陸町民の避難所での女性の個別ニーズ調査に同行していた。その後も登米市民有志による女性支援活動の後方支援，避難所でのヒアリングなどを行う中で，避難所を去って自宅に戻った乳幼児連れの親子や，要介護者・女性への配慮に欠ける避難所運営のケースなどを見聞きしていた[2)]。

一方，当時のRQ市民災害救援センター・総本部長だった広瀬敏通は，これまで阪神・淡路大震災や中越沖地震などで緊急支援に携わってきた経験から災害弱者への中長期的な支援の必要性を感じており，RQ 市民災害救援センターとして女性を中心とした弱者支援活動のためのセンター設立の構想を持っていた。

緊急支援を目的とした RQ 市民災害救援センターは 2011 年秋に撤退・解散することが当初から決まっていたため，中長期に活動するために独立した任意団体としてウィメンズアイの前身となる RQ 被災地女性支援センター（以下，RQW とする）を 2011 年 6 月 1 日に発足させた。それと同時に，稲盛財団から調査活動の費用として助成金を取得した。登米市内に南三陸町が建てた最大規模の仮設住宅団地である「南方仮設住宅（約 350 世帯が入居）」近傍の拠点「コンテナおおあみ」内のレンタルブースを事務所として借り，発足当初の代表は広瀬が兼任した。初年度の幹事は，現ウィメンズアイ代表の石本めぐみ（震災当時は会社員）のほか，RQ 市民災害救援センターのボランティアに参加していたまちづくり団体理事，デザイナー，環境教育専門家，編集者，開発援助団体職員，女性社会起業家，主要メンバーの依頼により参画した中小企業診断士，ジェンダー研究者などで構成されていた。

以下に RQW のビジョン・ミッションを示す。

> RQW のビジョン
>
> 被災地の復興において，女性が自らをいかし元気に活動できる
>
> RQW のミッション
>
> 被災地の復興過程において女性を含む社会的弱者が置き去りにされることがないよう，また，安全な立場に置かれるように，被災地や避難地での継続的な支援活動を，地元の行政，市民団体と連携しながら行う
>
> （2011 年 6 月 1 日　RQW 設立時のビジョン，ミッション）

問題意識の根幹は，女性のまなざしは暮らしの課題や社会的な弱者に敏感で

ある一方，災害の現場で女性たちがニーズを伝えたり，力を発揮したりすることが難しい現実があった。幼い子ども，妊婦，障がい者，要介護者など避難時に支援を必要とする「災害弱者」として女性もときに保護の対象とされる一方，彼女たちが弱者をケアする力を持ってもいるのである。そんな女性たちが持つ潜在的な力を引き出して復興を支える活動に活かすことが必要だと確信し，避難所からの移転後にも暮らしに根ざしたコミュニティの復興を果たしていけるよう地域と女性たちをつないでいく，それが地域外から来て第三者として活動するものの役割だと認識し始めた。

（2）手づくり講座を発端として：仮設入居～生活再建期の活動

石本が避難所をまわっていた2011年5月～8月頃，日中の避難所にいるのはシニア女性がほとんどであった。暑さの中で多数の人々と寝食を共にする避難所生活の疲れが増しており，今後，仮設住宅に入居した際に，ひきこもってしまうのではないかとの懸念があった。何人かに話を聞くと，「この避難の時間を無為に過ごしたくない」，「何か役に立つことをしたい」という声とともに，震災前の生活の中でシニア女性たちの多くは，編み物，裁縫などの「手しごと」に慣れ親しんできたことを聞き取った。そのことから，日常生活の感覚を取り戻し，孤立を防ぐためには手しごとが適するのではないかと考えた。

仮設住宅への引っ越しが終わった2011年9月から，編み物をはじめとする出張手づくり講座[3)]を試験的にスタートした。最初の会場は，気仙沼市階上地区においてNPO法人生活支援プロジェクトKが設置したトレーラーハウス内の「はしかみ交流広場」，南三陸町の中瀬町仮設住宅集会所，登米市の南方仮設住宅集会所などであった。

結果として，避難所で実際に手しごとをすることで「仲間ができた」，「無心になって何かに取り組むきっかけとなった」という声があった。また，場所によっては「手しごとを仕事にしたい」という人たちもおり，こうしたグループや個人とは，地域の特産物等を形に表したエコたわし制作等にともに取り組み，首都圏や全国各地のイベントでの販売を通じて，被災地から「つながる」

「つたえる」発信活動を行った。

2012年当時は被災地への関心も高く，こうした手仕事品の売上がRQWの収入の半分以上を占めていた。この活動の一部はその後，登米市の有限会社コンテナおおあみに譲渡し，さざほざ事業部が「編んだもんだら」というコミュニティビジネスとして発展させた。

加えて，新しく設立された仮設住宅の自治会から「人が集まり親しむきっかけとなる機会をつくってほしい」と依頼されるケースが増えていった。「手づくり講座はすることがあるのでお茶っこ会[4)]よりも参加しやすい」，「無理に話をしなくてもいいから気が楽」，「自分が実際に使えるものを作れるから楽しい」と口コミが広がり，講座開催の依頼が次々と舞い込んできた。

この手づくり講座を契機に，安心できる，居心地の良い場づくりをしながら被災した女性の声を聞き，「地域の役に立ちたい」と語る女性たちのサポートを行っていった。この活動には，ジャパンソサエティの「ローズファンド」助成金などを活用した。気仙沼のNPO／NGO連絡会や，南三陸町社会福祉協議会の被災者生活支援センターと情報交換し，要望のあった団体や地域に挨拶まわりをしながら展開した。仮設店舗の営業や仕事が再開し，過剰な支援が自立を阻む可能性を示唆する声があがり始めるなど，地域の状況の変化にあわせ，プログラムの形態を変化させていった。県外のボランティアの講師から地元在住の講師へ，当初は無料だった参加費も少額でも有料へ，講座のテーマも手芸のほか簡単な料理，フライパンでつくるパン，水墨画，ダンス体操などへと広げていった。こうした講座を「お楽しみ講座」と呼び，2011年9月から2014年3月末までに274回開催，のべ2,852人が参加した。

（3）NPO法人ウィメンズアイ設立とテーマ型コミュニティ育成事業

2012年度末に任意団体RQW（代表：石本めぐみ）を解散し，2013年度からNPO法人ウィメンズアイ（略称：WE（ウィ））として活動を引き継ぎ，体制を刷新した。法人格としてNPOを選択した理由は，1つには長期的な活動を見据え，社会的な信頼や支援を必要としたことにある。もう1つは活動が活発に

図表２－１　2012年に子育て支援センターにて開催したフライパンでつくるパン講座

写真提供：ウィメンズアイ。

なったことで事業規模が1,700万円と大きくなるとともに社会的な責任も増し，任意団体では代表個人が負う責任が重くなりすぎたことであった。理事にはRQWの幹事から５人が留任し，新たに弁護士にも加わってもらい，RQW幹事から栗林美知子が事務局長となって，法人の定款等の書類整備も内部で行った。

大事にしてきた「女性のまなざし」を団体名に冠したのは，被災地での学びから社会を変えていくという意志のあらわれでもあった。「女性のまなざしをいかして，しなやかな社会を」という呼びかけには，いのちと暮らしをみつめ災害にも負けない地域のレジリエンスを平時から備えていくために，女性も男性もともに力を持ち寄る未来への思いを込めた。また，法人の設立にあたりビジョン，ミッションも見直した。

ウィメンズアイのビジョン

女性が自らをいかし元気に活動できる

ウィメンズアイのミッション
1：女性たちが地域・社会につながるプラットフォームとなる
2：女性たちが必要な力をつける機会をつくる
3：災害を経験した女性たちの声を内外に届ける

活動は相互に関連する4つの分野を柱としている。以下ではそれぞれの活動について詳述する。

図表2－2　ウィメンズアイの活動分野

活動分野	具体的な活動内容
コミュニティをつくる活動	お楽しみ講座，ゆるやかなつながりづくり
女性たちに力をつける活動	集合研修，スキルアップ講座，事業支援，相談事業
交流を生み出す活動	町内，及び首都圏のイベントの企画，運営，視察・研修・体験受け入れなど
災害にそなえる活動	首都圏ほか全国での啓発イベント，講演，セミナーなど

出所：筆者作成。

（4）コミュニティをつくる活動：テーマ型コミュニティ育成の手法を確立

ウィメンズアイでは多くの被災した女性たちの声を聞いてきた。子育て，介護，貧困，シングルマザーなどで被災により以前からの困難が増しているケースや，課題が複合化しているケースが少なくなかった。震災から2年以上経過しても将来の見えないストレスによるDVや児童虐待などの家庭内の問題もあり，特に深刻なケースは専門家につないだ。

なかでも，2013年春のNPO法人設立に向けて準備していた頃に団体が重視した地域コミュニティの課題は「心の分断」であった。全国から多くの支援が届く一方，「被災者」か否かと線引きされることで尊厳が傷つけられたり，自宅が無事だった人／応急仮設住宅に住む人／みなし仮設住宅に住む人と被災の程度や境遇，受けた支援の度合いが異なることから互いに交流しにくい雰囲気も感じられた。震災前からの地縁・血縁によるコミュニティは機能しにくくなっており，津波によって地区が崩壊し仮住まいも広い地域に分散した結果，「みんなバラバラになってしまった」という声が多数あった。

一方で，それまでの活動で，誰に対してもオープンな雰囲気で丁寧に場作りをし，参加者に共通するテーマ（趣味，関心，課題）での講座やイベントなどを行うと，人と人とが対等な立場でつながりやすい実感を得ていた。多くの出会い，再会の場面も生まれた。ともに時間を共有することで生まれるゆるやかなつながりを土台に安心と信頼が醸成されると，つながりが波及するケースも見受けられた。例えば，手づくり教室で作った内容をもとに，今度は自身が講師となり自身の住む仮設住宅の集会所で，籠りがちなシニア向けに講座を開催した事例などがある。

2014年には，ハード面の整備である高台の本設居住地の復興工事と並行して，ソフト面の支援を先行させて人々のつながりを重層的につくり，暮らしのセイフティーネットとなる新しいコミュニティを生み出すことを構想した。それまで行ってきた仮設住宅でのお楽しみ講座のポジティブな面を活かし，ディテールのつくりこみにもこだわり，参加者が楽しめたり学びになるようなコンテンツを通じて，参加者同士がつながることを意図したさまざまな講座や集まりを開催した。当時の会場は，企業の支援を受け，南三陸町観光協会によって志津川地区に建てられたポータルセンターや，被災を免れた地区の公民館，登米市内にオープンした「とめ女性支援センター」内にあるコミュニティカフェ，敷地の一画をコミュニティに開放してくださった店舗などであった。集いの「種」となる思いや課題を持つ当事者らとともにつくり上げていくことを重要視しており，集まりを契機として課題解決型の自助グループも生まれてきた。この「広域生活圏におけるテーマ型コミュニティ育成事業」は宮城県のみやぎ復興支援助成金を得てスタートし，現在はウィメンズアイにおいて，さまざまな活動へと展開する基礎的なアプローチとして特徴的な事業となっている。2013～2014年当時，ここから新たに生まれたコミュニティ活動の例を図表2－3に示す。

図表２－３　新たに生まれたコミュニティ活動の例

コミュニティ活動の名称	活動内容
シングルマザー親子の会 wawawa	母親の学びと子どもたちの遊びを通じてつながり助け合うグループ
南三陸まなびの女子会	町の未来を考えるため，新潟県中越地震の被災地視察を契機に始まった多世代の女性による勉強会
第２のふるさとカフェ	南三陸町への UI ターン者と地元の若者とがゆるやかにつながる会
りあんの会	地元の女性が講師となり，シニア女性が集う刺し子サークル

出所：筆者作成。

図表２－４　シングル―マザー親子の会　ハロウィンのお楽しみ会の様子

写真提供：ウィメンズアイ。

既存の女性グループ，コミュニティ（婦人会，農水産品加工グループ，ママサークルなど），社会福祉協議会などとの協働も積極的に行い，コミュニティ同士が重層的に交わっていくよう，それらのコーディネートにも団体として取り組んでいる。

「広域生活圏におけるテーマ型コミュニティ育成事業」は，2015 年３月に仙台で行われた国連防災世界会議に際して発刊された事例集である，「レジリエントな開発に有効な女性のリーダーシップ～事例と学び」(国連国際防災戦略事務局刊／言語：英語）の世界のグッドプラクティス12事例の1つにも選出された[5)]。

図表2－5　南三陸まなびの女子会　新潟県中越地震の被災地視察の様子

写真提供：ウィメンズアイ。

図表2－6　ウィメンズアイのテーマ型コミュニティ育成の概念図

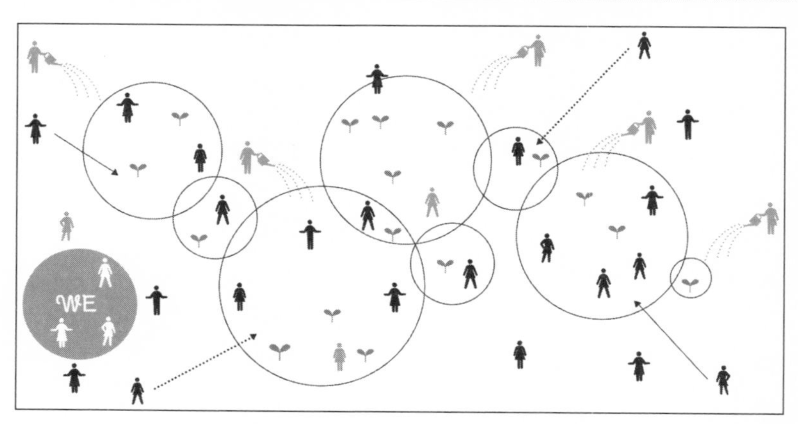

注：タネを持つ人に水やりをし，風除けになりながら，人の輪をつないでいく姿をイメージした事業の概念図。
資料提供：ウィメンズアイ。

（5）女性たちが力をつける活動：コミュニティで活躍する主人公の女性たち

前述の法人化にあたり，改めて活動の中心に位置づけたのは，ローカルの女性のエンパワーメントである。震災後の人口流出が続くなか，自分の暮らす地域や社会をよくしたいと願う女性たちが力をつけながら地元を元気にするアクションを起こし，さらに彼女らの能力が発揮されることを目指している。「津波被災地における女性視点での暮らしの課題解決の事業化支援事業（通称：女性のまなざしで地元を元気に！おなごだづ[6] プロジェクト）」として，認定特定非営利活動法人日本 NPO センターを通じた民間企業からの助成を活用してスタートした。2013 年の冬には，南三陸町の女性たちを対象に地元を活気づけるアイデア創発型のワークショップを行うと，これまでの講座参加者や被災者生活支援センターの支援員らが「地域の復興の役に立ちたい」と数多く集まり，口々に思いを語ってくれた。

上記のような女性たちを対象にスキルアップの講座（ウェブ，写真撮影，PC 操作，チラシ・ポップ製作，食の仕事勉強会，DIY など）を行ったり，中小企業診断士による起業・事業継続相談を受けるなかで，女性たちの多くが，「何かやりたい」という思いを持ちながらも不用意に「目立つ」ことを恐れていること，家族の理解が得にくいと感じていること，経験不足による自信のなさなどが，能力の発揮と活躍の障害になっていることが見受けられた。そこで，ウィメンズアイから依頼する形でさまざまな活動を共に行ったり，地元サークルと共催イベントを行うなど，ウィメンズアイがある種の緩衝材の役割を担った。加えて，事務局の代行などを通じて実践の機会を提供することで，行動に変化を促し，経験を積むことを積極的に後押ししてきた。

女性のエンパワーメントにおいても「テーマ型コミュニティ育成」の手法を使って，ゆるやかなつながりを重視している。一人では心細くても，グループやコミュニティの一員としてであれば，出る杭になる恐れも減らすことができる。女性が参加しやすい雰囲気づくり（怖くない，詮索されない，強要されない，自分の事情に自責の念を持たずにすむ），ヒエラルキー型にならないフラットな関係性づくり，イベントには男女問わず地域の多様な人たちを巻き込んでいくことに重きを置いている。

こうした南三陸町での女性のエンパワーメントの例としては以下のようなものがある。

・みんなの子そだてフェスタ（2015年～）

地元の子育てサークルと共催の年1回のイベント。準備や出店などで母親たち自身が活躍し，地域の多様な子育てサポーターたち（地元NPO，ジュニアリーダー，子ども好きな人たち）とのつながりづくりにも役立っている。回数を重ね，積極的に参加する父親の数も増加している。

・ひころマルシェ（2015年秋～）

広い原っぱで子どもをのびのび遊ばせながら1日楽しめるオーガニック志向のマルシェとして毎年2回開催している。地元の女性農産加工グループ，講座参加者や共同加工場（後述）利用者など，ウィメンズアイと関係の深い女性たちが数多く出店している。初回10に満たなかった参加ブースが2019年初夏には60に達し，来場者も1,700人を超えた。2018年度からはUIターンの若者を中心とした「ひころマルシェ実行委員会」が主催者となり町の補助金を受け開催している。ウィメンズアイは「うみさと暮らしのラボ」として事務局を担当している。「うみさと暮らしのラボ」は南三陸の森里海の資源をいかす暮らしの知恵を学び，エコでサステナブルな未来をめざすプロジェクトである。

・パン・菓子の共同加工場oui（ウィ）（2017年～）

パンや菓子の製造・販売のために製造許可が得られる場所を整備するには初期投資のハードルが高い。そのような理由で諦めている人たちが小さく一歩を踏み出してチャレンジできる，シェア加工場を運営する事業である。工房の建設には民間の助成金，クラウドファンディング，寄付金を組み合わせて資金調達を行った。パン職人をめざすウィメンズアイの連続講座で力をつけた参加者

図表2－7　ひころマルシェ 2019 初夏の様子

写真提供：ウィメンズアイ。

図表2－8　工房利用者のためのパンづくりスキルアップ講座の様子

写真提供：ウィメンズアイ。

や，食に関する勉強会に参加していた女性たちを中心に 2017 年の開業から約 2 年間で約 15 名の女性たちが利用登録し，地域のマルシェのほか，イベントでの出店や地元カフェ・店舗での販売を目的として利用している。利用者の会では工房アドバイザーによる製パン技術向上の勉強を続けている。

・WE と一緒に小さなナリワイ塾，WE くらぶ（2017 年～）

20 ～ 40 代の女性を主な対象に，地域で新しい働き方をつくる連続講座を開催した。自分の感性と特技をいかし，地域の誰かの困りごとを具体的かつ身の丈に合わせて解決する月 3 万円ビジネスの考え方を学んだ。受講生たちは試行プログラムやイベントを自分たちで考案し，スキルを磨きながら徐々に地域で実践を行っている。過去の受講生やスモールビジネスの実践者，スモールビジネスの理念に共感する人たちで情報交換を行う集いを定期的に開催している。

・赤ちゃんとワタシの井戸端会議（2018 年～）

乳児をかかえる母親たちの勉強会を発端に，ひとりの女性として安心して話ができる場から，互いに子どもを預けあったり，育児の困りごとを助け合う自助グループに発展している。

また，ローカルとローカルをつなぐ，広域でのエンパワーメント活動にも取り組んでいる。きっかけは，2015 年 3 月に仙台で行われた国連防災世界会議のプレイベントとして，ニューヨークに拠点がある NGO ホワイロウコミッションとの共催による国際研修「国際地域女性アカデミー in Tohoku」を南三陸町内で開催したことであった。ウィメンズアイではその後 3 年間にわたりこの研修を引き継ぐ形で，リーダーシップ研修と少額助成，ネットワーキングを手段として東北の主な被災 3 県で活動する若手女性をエンパワーする「グラスルーツ・アカデミー東北」を企画・運営している。「グラスルーツ・アカデミー東北」は 2018 年度末までに，宿泊型の国内研修 8 回，海外研修 2 回を開催した。この機会を通して，地域活動における経験知の交換によって互いに貢献し，若い女性ならではの悩みも共有しながら，100 人の仲間たちによるゆるやかな紐帯が，地域で活動する女性たちを支えるネットワークになっている。

（6）事務所の移転：女性のエンパワーメント拠点開設へ

震災から 6 年を目前とした 2017 年 1 月には，それまで拠点としていた登米

図表2－9　校舎の宿さんさん館

写真提供：ウィメンズアイ。

市を離れ，南三陸町入谷地区の旧林際小学校別棟の音楽室（南三陸町所有）に事務所を構えることとなった。入谷地区は沿岸から車で15分ほど内陸に入った里山で，2013～2015年の3年間，ウィメンズアイが「テクテクめぐる縁がわアートin南三陸」という交流と発信を目的としたアートイベントの事務局を担当した頃から関係性を築いてきた地区である。旧林際小学校の本校舎は卒業生有志の管理組合が「校舎の宿さんさん館」として運営しており，地元の女性たちが日々の宿と食堂の運営を担っている。

現在，このウィメンズアイ事務所を，女性たちが集い学べるエンパワーメント拠点として少しずつ整えている。震災後の被災地は人口流出する一方，ボランティアなどを機に土地の豊かさと人の温かさに触れて都会から移り住む人たちも一定数いる。ただし，ウィメンズアイが活動する地域には文化的な慣習が根強かったり，固定的なものの見方があり，若い世代，とりわけ女性たちが苦しい思いをすることが多々ある。特に，結婚を機に移り住んだ女性たちは，自身がそれまで培ってきた力を十分に発揮することは決して容易ではない。自分らしくいられないことは，時に心身に不調をもたらし，本来備えている「その人らしさ」をも封じ込めてしまう。南三陸町の拠点ではそんな女性たちが燃え

図表2－10　女性のしごと相談の様子（事務所内にて）

写真提供：ウィメンズアイ。

尽きないように，女性のメンタルと身体にまつわる講座（ヨガ，更年期，食の知識など），まわりの人との関係性の質をあげるコミュニケーション講座などにも力を入れている。

2017年度11月からは，宮城県子育て女性就職支援拠点育成補助金を得て専任の産業カウンセラーを配置した「女性のしごと相談窓口」を開設し，仕事と暮らし，子育てにまつわるさまざまな悩みの相談を受け付けている。カウンセリングはハードルが高いという地域住民の意識もあることから，事務所をオープンスペースとして，子どもづれで立ち寄ったり，相談の一歩手前の気軽なおしゃべりをしたり，ゆるい集いや楽しみの場所として利用できるようにしている。拠点に集う女性たちの自発的な催し，勉強会なども生まれはじめている。

（7）南三陸町拠点での活動に参加した人たちの声

南三陸町でのエンパワーメント活動については，MSC（Most Significant Change =「重大な変化」に基づく参加型評価手法）を参考に，2019年9月に関係者へのインタビュー調査を行い，行政や社会福祉協議会など地域のステークホルダーたちとの振り返りを通して質的評価を行った。インタビュー調査では，

2017年10月〜2019年９月までの活動の参加者・関係者６人にインタビューし，それぞれがウィメンズアイの活動と出会ってからの「重大な変化」のエピソードを集めた。その例を下記にいくつか挙げる。

・「何もかもあの日から変わった」と語った20代女性は，母親たちの集い「赤ちゃんとわたしの井戸端会議」の参加者の１人であった。この集まりをきっかけに，町内に暮らす子育て中の友達をつくることができたと話した。「自分は皆に話を聞いてもらうことができた。人に肯定してもらえると，すっごく安心できる」。彼女は，今では自分の暮らす地区の母親たちの相談相手になっているという。

・コミュニケーション講座の参加者からは，「前の自分だったら恥ずかしくて，考えているということすら，外に出せなかった。自分の時間を楽しもうと思った時に，仕事でもやり甲斐がもちたいと思った。一番の大きな変化は，自分の考えたことを職場で提案することができたこと」という語りを聞き取った。

・「コミュニケーションの取り方を学んだことがすごく良かった。これまでだったら，誰かにお願いするくらいなら自分で引き受けてやってしまっていたことが，『これをやって』と言えることができるようになった」と話す。以前の仕事では人とのつながりなど気にせずにいたが，起業して人とのつながりの大事さに改めて気づいたという。

・パン・菓子の共同加工場 oui の利用者を経て独立開業した女性は，「（自分の工房を準備するにあたり機械の）導入がスムーズにできて，私はラッキーだと思った。工房があったおかげ。『試してみる』ことを事前にできたことが，次につながっていった」と話した。また他の利用者などまわりでやっている仲間がいたことが支えになったという。

ウィメンズアイの講座や活動への参加が，その後の行動や考え方にどのような変化を呼び起こしたのか，これまで見えなかった事業との関連性が，インタビューによる調査結果から見えてきた。「変化のきっかけ」に，安全・安心な場で自分を表出できること，受け入れられる経験，つながりができることが重要であることが確認できた。

3．おわりに

南三陸町は，2018 年 2 月時点で同町における仮設住宅の全入居者 243 人が次の住まいに移るめどがついたため，仮設住宅（みなしも含む）を 2019 年 3 月末までに全廃する方針を決めた。その後 2019 年 12 月に仮設住宅から入居者が全員退去し，被災者支援の主な活動は，移転先のコミュニティづくりへと移行していった。ウィメンズアイは，設立時の中期ビジョンである「仮の暮らしが終わるとき，三陸沿岸被災地の女性たちが自らの場所でいきいきと活躍している」について，2017 年度を最終年度と位置づけた。現在は広域でローカル女性のエンパワーメントに注力するほか，南三陸町拠点で地域の女性たちや各種団体・行政とも連携しながら引き続きコミュニティづくりに参加している。

例えば，前述した「ひころマルシェ」で培ったマルシェ開催のノウハウと，エンパワーメント活動で重視してきたローカル女性たちのつながりを活かし，2018 年度から社会福祉協議会と協働で高台団地での移動マルシェ「小さなたがい市」を始めた。小規模だが，焼きたてのパン，お茶っこ用の大福，手作りのお惣菜などの出店が並び，移動手段がなく商業エリアに出かけにくいシニア層は束の間の交流と買い物を楽しんでいる。このように，エンパワーされた女性たちの意識の変化が行動につながり，その活躍が町での日常に活気を与えている。

また，震災時に中高生だった若者たちが社会人になり，ひころマルシェの実行委員会に加わったり，大学の地域実習で南三陸町を訪問したことをきっかけに県外の大学生がボランティアに来てくれるようになったり，町内にある高校

図表２－11　ウィメンズアイ　活動年表

年	月	出来事
2011年	3月	RQ市民災害救援センター設立（東京／登米，ほか）
	5月	避難所での女性個別ニーズ調査に協力，参加
		地元女性・女性グループのサポート活動開始
	6月	RQ被災地女性支援センター（RQW）設立（登米／コンテナおおあみ内）
	9月	RQW手しごとプロジェクト開始
	11月	冬の手づくり講座（お楽しみ講座）開始
2013年	6月	RQW解散，NPO法人ウィメンズアイ設立
		シングルマザー当事者の会活動開始
		広域生活圏におけるテーマ型コミュニティ育成事業開始
	9月	テクテクめぐる縁がわアート（～2015 WEは企画，運営事務局）
	10月	女性のまなざしで地元を元気に～スモールビジネス支援事業開始
2014年	4月	任意団体wawawaシングルマザー親子の会（WEは事務局）
		南三陸まなびの女子会開始
2015年	3月	国際地域女性アカデミーinTohoku開催
	7月	第１回みんなの子そだてフェスタ開催
	9月	第１回ひころマルシェパイロット開催
	11月	とめ女性支援センター内に拠点
2016年	2月	グラスルーツ・アカデミー東北　国内研修開始（～2019.6）
	5月	うみさと暮らしのラボプロジェクト開始
		女性・コミュニティのエンパワーメント／拠点事業開始
2017年	1月	南三陸町入谷（旧林際小学校内）に事務所，拠点を移転
	2月	グラスルーツ・アカデミー東北　米国研修開始（～2018.2）
		パン・菓子工房oui竣工，オープン
		WEと一緒に小さなナリワイ塾開始（～2019.3）
	10月	女性のしごと相談事業開始
2018年	6月	ひころマルシェ実行委員会スタート（WEは事務局）
	7月	WEくらぶ南三陸サークル開始
2019年	3月	WE南三陸拠点公開イベント
	7月	ローカル女子と未来をひらくプロジェクトをスタート

出所：筆者作成。

のボランティアサークルの学生たちが参加してくれるようになったこともポジティブな変化である。

ウィメンズアイではエンパワーメントを「自分で考え，自分で選択し，自分らしく生きていくための力をつける」ことだと定義している。自分らしく活躍したいと願う女性たちが前を向いて進む時だけではなく，立ち止まって休息をとる時もサポートしながらともに歩むことを，南三陸町拠点の平時の活動として今後も取り組んでいく。

一方，これまでローカルでの女性のエンパワーメントを通じて培ってきた知見を応用して事業化し，調査・研究，研修，施策提案，実現化のアドバイスなどで他地域にも波及させつつある。とりわけ，SDGs のゴール NO.5「ジェンダー平等を実現しよう」を目標として，宮城県内の市町村レベルの課題の可視化に向けた「SDGs とみやぎ」ジェンダー・女性指標ワーキンググループをコーディネートするなど，SDGs と男女共同参画の分野で研究者，行政，各種団体をつなぎ協働する局面が増えてきた。

震災後の東北で，ローカル女性たちがそれぞれの困難を抱えながらも地域の未来をよくしたいと動いてきた経験の物語を拾い上げていくと，女性たちを取り巻く地域コミュニティの環境が少しずつ変化していることがわかる。

自分らしくいきいきと活躍したい女性たちの思いは，大きな変化への一歩につながっている。

【注】

1） 東日本大震災の被災者救援のために，2011 年 3 月 13 日に発足した任意団体。エコツーリズムの第一線で活躍する実践者，研究者らが集まったネットワーク「NPO 法人日本エコツーリズムセンター」（本部：東京都荒川区，代表理事：広瀬敏通）が中心となり，団体の活動に賛同した市民有志で結成され，岩手県大船渡から宮城県女川までの沿岸約 120km の小さな避難所や自宅避難者を中心に支援活動を展開。2011 年 11 月末の解散までにのべ 4 万 5 千人のボランティアを送り出した。

2） 当時の経緯は，石本めぐみ（2014）および「震災後の避難所から居なくなった母子の課題から考える母子が安心な避難所と在宅避難者への支援（分担研究：石本めぐみ）」（平成 25 ～ 27 年度厚生労働科学研究費補助金　健康安全・危機管理対策総合研究事業「妊産婦・乳幼児を中心とした災害時要援護者の福祉避難所運営を含めた地域連携防災システム開発に関する研究」（研究班長：吉田穂波））を参照されたい。

3） 詳細は塩本（2017）を参照されたい。

4） お茶を飲みながら歓談する集まりを指す。東日本大震災以前から存在していた東北地方での生活における営みであるが，震災後の仮設住宅等でのサロン活動の一環として各地で開催されてきた。

5） United Nations Office for Disaster Risk Reduction（2015）。

6） 三陸地方の方言で「女の人たち」の意。

参考文献

石本めぐみ（2014）「行動が人を変える」山本哲史編『人間の安全保障を求めて～東日本大震災被災者のための仮設住宅における支援活動の現場から』NPO 法人「人間の安全保障」フォーラム，pp.141-188。

石本めぐみ（2015）「次世代女性リーダーの育成―意思決定への参画の観点から―」『第3回国連防災世界会議パブリックフォーラム 防災力強化のためのトレーニング計画 女性の力で変革を』男女共同参画と災害・復興ネットワーク，公益財団法人日本女性学習財団，pp.60-61。

石本めぐみ（2016）「災害時に女性が直面する課題―東日本大震災の経験から」『BIOCITY ビオシティ 67 号 災害とジェンダー　女性の視点を活かした防災・災害支援・復興』ブックエンド，pp.38-45。

塩本美紀（2017）「手芸考　震災と手芸とコミュニティと」『月刊みんぱく　2017 年 8 月号』国立民族学博物館，pp.18-19。

塩本美紀（2020）「6 章　つながる」上羽陽子・山崎明子編『現代手芸考』フィルムアート社，pp.244-285。

南三陸町（2020a）『東日本大震災による被害の状況について』https://www.town.minamisanriku.miyagi.jp/index.cfm/17,181,21,html（2020 年 8 月 27 日最終アクセス）

南三陸町（2020b）『人口・世帯数』https://www.town.minamisanriku.miyagi.jp/index.cfm/10,28205,56,239,html（2020 年 8 月 27 日最終アクセス）

United Nations Office for Disaster Risk Reduction（2015）***Women's Leadership in Risk-Resilient Development: good practices and lessons learned***, https://www.unisdr.org/we/inform/publications/42882（2020 年 8 月 27 日最終アクセス）

第3章

地域の連携による拠点整備と地域人材の育成

―利府町まち・ひと・しごと創造ステーション tsumiki の事例―

1．はじめに

東日本大震災からの復興過程において，復興まちづくりや公共施設の再建を計画する際に住民参加の手法が各地域で用いられた。復興事業に限らず公共的な活動は，行政だけではなく，企業，大学，NPO，市民等あらゆるセクターが担い手となっている。公共施設をはじめとした公共空間も，主な担い手でありユーザーである市民が関与することにより，居心地の良い魅力ある空間が形成されること以上に，要望が反映されることにより満足度が高まることや，まちづくりに関わる意識が醸成されるなど，社会的・主観的な価値が増すと考えられる。

本章では，2016年にまちづくりの拠点施設として開館した「利府町まち・ひと・しごと創造ステーション（愛称はtsumiki。以下，tsumikiとする）」を事例に，施設の設計プロセスについて検証し，開設後の施設の運営についての紹介を行う。tsumikiは，内閣府・地方創生加速化交付金を活用して設置された公共施設である。設置者となる利府町は，tsumikiを拠点に，「地域資源を活かした仕事づくり」，「町のシビックプライド醸成」，「（利府駅の）駅前活性化」を行うことを示したが，利府町沿岸部における２つの漁港は津波による被害を受けており，tsumikiの設置は復興に資する地方創生計画の一端でもあった。地方創生加速化交付金に採択された後，設置までのワークショップおよび開館後の施設運営は，筆者が代表を務める一般社団法人Granny Ridetoが担うことになった。

tsumikiの設置過程では，住民参加によるワークショップを実施し，施設のデザインと共に，広くまちづくりに関わる住民のコミュニティ形成を図った。施設のハード面の整備における特徴は，震災からの復旧・復興過程において応急仮設住宅等に多く採用されたユニットハウス工法を導入して建設コストをおさえたことである。また，2020年受賞したグッドデザイン賞[1)]の審査では，「ハード整備費とソフト運営費をほぼ同額にしたというバランス感覚」とともに，「派手さが抑えられた建築の中に充実の運営体制がセットされ」たことが評価されたように，ソフトと呼ばれる運営面をハードの設計に並行して検討・強化したことが，もう１つの特徴である。

以下，宮城県利府町についての簡単な説明を行い，tsumikiを設置した背景・経緯を記した上で，設計プロセスに焦点を当てワークショップの内容や効果について明らかにする。そして，施設の運営体制，および開館後の取り組みについてまとめる。

2．利府町の概要とtsumiki構想

利府町は，人口約36,000人が住む自治体であり，近年，隣接する仙台市のベッドタウンとして発展してきた。車を利用した場合の仙台市中心部までの所要時間は約30分であり，仙台市への通勤・通学圏の様相が色濃く，人口減少時代の現在においても，人口は横ばいとなっている。また，町内の大型商業施設には周辺地域からも買い物客が訪れるなど，賑わいのある町である。町内には，宮城県総合運動公園（グランディ・21）があり，公園内には，2002年のサッカー・FIFAワールドカップおよび2021年の東京オリンピック・サッカー競技が開催された宮城スタジアム（キューアンドエースタジアムみやぎ）や，大規

図表3－1　宮城県における利府町の位置

出所：筆者作成。

模体育館のセキスイハイムスーパーアリーナがあり，著名ミュージシャンのコンサートが頻繁に行われる。

こうした各種施設や住宅地のエリアと共に，町内には，田園風景も多くみられ，とくに梨の栽培が盛んに行われていることが特徴である。また，沿岸部には，前述の通り2つの漁港を有している。この2つの漁港は，2011年の東日本大震災の際，津波被害を受けており，住宅・事務所の損壊や浸水被害が発生し，町全体では46名が亡くなった。その復興過程にtsumikiの設置があった。

利府町は，2016年に，「利府町人口ビジョン―利府町における2060年までの長期的な人口の見通し―」，および「利府町まち・ひと・しごと創生総合戦略」を策定し，その中で，「一斉進学・就職による若者層（18歳～29歳）の急激な一斉転出」，「町への愛着，帰属意識の低下」，「JR利府町駅前の衰退」を将来的な課題として掲げた。そこから，若年層を主な対象とする，まちづくりをけん引するリーダーや起業家，NPOなどの人材育成を行う必要性が生じ，その拠点としてtsumikiが構想されたのである。

３．tsumiki の設計プロセス

（１）ワークショップの概要

tsumiki の具体的な構想にあたっては，2016 年 6 月より住民参加のワークショップを実施した。一般社団法人 Granny Rideto が，ワークショップと合わせて同年 11 月の開館へ向けての準備，開館後の運営までを利府町からの受託業務として実行した。同時に，ワークショップの中で出た住民からのアイデアを反映する実施設計，備品購入等を含む建築工事については，それぞれ異なる業者が担当した。また，施設を運営するにあたり必要となる条例については，6 月から検討を行い，10 月の臨時議会により議決された。実施設計から開館までの期間は 5 カ月と短期間であった（図表 3 − 2）。

住民参加のワークショップは，Rifu-Co-Labo（リフコラボ）と名付け，住民・学生・町役場職員・NPO 等が参加し，1 回につき 2 時間，2016 年 6 月から 9 月までの期間に計 8 回実施した。結果，延べ 200 名以上が参加した。ワークショップの開催日時は，平日の夜間とした。会社員や学生等の参加を促すためで

図表３－２　事業のスケジュール

	2020年6月	7月	8月	9月	10月	11月
業務委託（プロポーザル方式）	ワークショップ（アイデア出し）				開館準備・運営	開館
業務委託（見積競争方式）	実施設計（アイデア反映）					
工事（指名競争方式）			建築工事			
備品（随意契約方式）			備品工事			
条例	条例づくり・制定				10月臨時議会	

出所：筆者作成。

ある。また，ワークショップの実施にあたり，以下の 4 点が施設に求める前提条件として設定されていた。それは，1）カフェ機能を有した交流型起業支援施設であること，2）プレハブ工法による施設であること，3）コワーキングスペースやチャレンジショップといった起業家育成に資する機能を有すること，4）設置場所は JR 東北本線・利府駅前とすることであった。

ワークショップでは，外観・内装のイメージ，館内レイアウト，施設の機能，施設の名称，ロゴ，施設運営のための条例の内容，イベント等の企画，情報紙の企画，提供するドリンク，オープニングイベントの内容など，ありとあらゆることを議論していった。そして，ワークショップ内で挙がったアイデアについては，利府町が一旦検討し，次のワークショップにおいて，検討の結果を参加者に対してフィードバックし，議論を継続していった。

参加者の募集については，利府町のウェブサイト，チラシの町内回覧等により周知し，年代や住所を限定せず tsumiki やまちづくり等に関心のある者であれば誰でも参加できる形をとった。住所を問わなかった理由は周辺の塩釜市，多賀城市，松島町，仙台市も利府町民の生活圏となっているため，町外在住者も施設の利用者として想定されたためである。また，広く意見を集めるために参加者を固定とせず，1 回だけの参加や途中からの参加も認めた。そのため，

図表 3 − 3　ワークショップの参加者数と主なテーマ

回	日程	参加者数	主なテーマ
第 1 回	2016 年 6 月10日（金）	50 名	外観・内装／レイアウト
第 2 回	2016 年 6 月22日（水）	40 名	施設機能
第 3 回	2016 年 7 月 6 日（水）	30 名	ネーミング・ロゴ①
第 4 回	2016 年 7 月20日（水）	20 名	条例（利用料金，開館時間等）
第 5 回	2016 年 8 月 3 日（水）	20 名	ネーミング・ロゴ②
第 6 回	2016 年 8 月24日（水）	30 名	イベント企画
第 7 回	2016 年 9 月 7 日（水）	14 名	情報紙
第 8 回	2016 年 9 月21日（水）	12 名	ドリンク／オープニングイベント

出所：筆者作成。

図表３－４　ワークショップの様子

写真提供：一般社団法人 Granny Rideto。

情報公開については，専用のウェブサイトや Facebook のアカウントを作成し，当日のレポートや写真を掲載することで，初めての参加であっても事前に情報を共有できる環境を整えた。

ワークショップの進め方は，ファシリテーターを配置し，参加者同士の議論を中心に行った。議論を可視化するために，ファシリテーショングラフィックを用い，また，テーマによって専門家（建築家，デザイナー，アートディレクター）を招き，知見の提供を行った。また，tsumiki の設置にあたっては，構想段階から，利府町と連携協定を結ぶ宮城大学が全面的に関与しており，ワークショップの際には，教員が参加し，随時アドバイスを行った。また，開館までのプロセスは，映像として記録することにし，施設設置の背景や意義を参加者以外にも広く伝えるために，YouTube を通して配信している。

（2）ワークショップで出たアイデアの採用について

図表３－５はワークショップで出されたアイデアが採用された件数とその割合を示したものである。各回におけるワークショップのテーマは図表３－３を参照されたい。初回は，合計で 11 件（55.0％）のアイデアが採用された。１回

図表３－５　ワークショップで出されたアイデアが採用された件数と割合

	主なテーマ	ハード ソフト	アイデアの件数 (%)				合計
			採用	一部採用	不採用	不明	
第１回	外観・内観／レイアウト	ハード	11 (55.0%)	1 (10.0%)	6 (30.0%)	2 (10.0%)	20
第２回	施設機能	ハード	5 (18.0%)	8 (28.5%)	14 (50.0%)	1 (3.5%)	28
第３回	ネーミング・ロゴ①	ソフト	—	—	—	—	—
第４回	条例	ソフト	—	—	—	—	—
第５回	ネーミング・ロゴ②	ソフト	—	—	—	—	—
第６回	イベント企画	ソフト	2 (7.2%)	6 (21.4%)	17 (60.7%)	3 (10.7%)	28
第７回	情報紙	ソフト	4 (21.1%)	2 (10.5%)	13 (68.4%)	0 (0.0%)	19
第８回	オープニングイベント	ソフト	5 (38.5%)	0 (0.0%)	7 (53.8%)	1 (7.7%)	13

出所：筆者作成。

目のため情報量が少ない上，テーマ設定が広かったため議論が停滞することも予想されたが，さまざまな視点から具体的なアイデアが挙がった。２回目については，「採用」「一部採用」（合わせて46.5%）と「不採用」（50.0%）の割合がほぼ半分となった。施設の機能をテーマとしたため，ユーザーの視点から具体的なアイデアが目立った。６～８回目は，対照的に「採用」と「一部採用」の割合が20%～30%台となった。「イベント企画」・「情報紙」は，ワークショップの趣旨と乖離するアイデアが多かった。参加者に意図が伝わらなかったことに加え，専門的なスキルや経験が不足しているため，具体性に乏しいアイデアになったと予想される。「オープニングイベント」は，参加者同士の交流を促進するアイデアが目立った。

このように，テーマにより，ワークショップで出たアイデアが採用される割合に差が生じた。外観・内観のイメージや館内のレイアウト，施設の機能など専門的な知識やスキルがなくても参加者がイメージできるものの場合，より具体的なアイデアが寄せられた。一方，イベントの企画や情報紙の企画については，経験がないとイメージしにくく抽象的なアイデアや趣旨から逸れたアイデアが寄せられた。これによりワークショップにおいて議論するテーマ設定により，アイデアが反映されやすいものとそうでないものに差が生じることが明らかとなった。これらのことから参加型ワークショップを企画運営する主体は，特に不特定多数の参加者が関われるワークショップを実施する場合は，専門の知識やノウハウがない人も参加できるようなテーマ設定やプログラムづくりが求められるといえよう。

（3）アイデアの採用例とその効果

tsumiki は，建設コスト削減のためプレハブ工法を採用した公共施設である。そのため，事前に外観の物理的な仕様はある程度固定化されており，設計の自由度は高くなかった。初回のワークショップでは参加者に具体的なイメージを持たせるために図表３－６の模型を準備した。これを元にワークショップで参加者から出されたアイデアを反映したのが，図表３－７の模型である。その後，最終的には左側の壁面も取り外され，仕切りの少ないフロアとなった。

内装についてはできるだけ壁面（仕切り）を減らし，利用者のお互いの顔が見えやすく，テーブルや椅子のレイアウトを自由に変えられるようにしたいという提案があり，設計を変更した。そこでは，可動しやすく，多様な組み合わせができるテーブルを製作するなど，提案を反映しつつ，結果的に，場の状況に合わせて創意工夫を引き出すことができるしつらえとなった。

また，参加者から挙げられた「正面をガラス張りにする」「自然を活かす」といった提案も採用された。これにより，施設内のアクティビティが可視化され，外からも館内の様子を確認できるようになっている。施設の外側に設置されたウッドデッキも，ワークショップの提案から生まれたものである。ウッドデッキの設置は，ワークショップ形式で行った。マーケット等の販売時にウッドデッキを活用するなど，イベントの際に利用されている。

さらに，施設の愛称やロゴマーク，施設の利用料金や開館時間，提供するド

図表３－６　ワークショップ前の模型

写真提供：一般社団法人 Granny Rideto。

図表３－７　ワークショップ参加者の意見を反映した模型

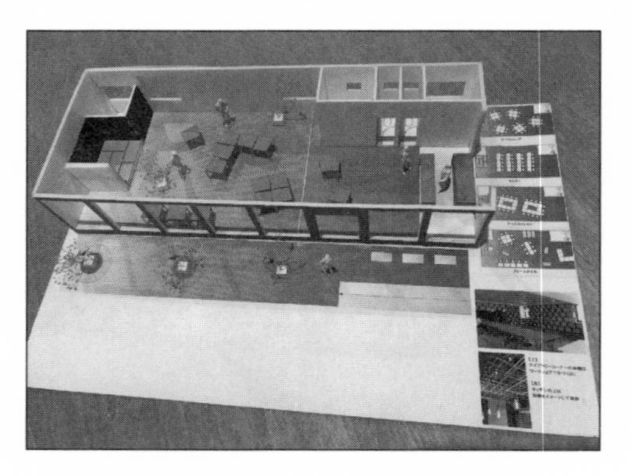

写真提供：一般社団法人 Granny Rideto。

リンクなど，多岐にわたる事柄について，ワークショップを通して決定していった。開館まで限られた期間しかなかったことから，当初はこれほど多くのことについてワークショップ形式で検討することは考えていなかったものの，次第に，あらゆることを議論する空気感がワークショップの運営者・参加者で共有されていったのである。

施設の愛称である「tsumiki」は，まず参加者それぞれがスケッチし，グループワークを行い，それをもとに３名のデザイナーによって，デザイン案が提示された。デザインの決定後は，その活用方法についての議論も行い，施設内で提供するドリンク用のマグカップ，パンフレットやクリアファイル，缶バッチといったノベルティグッズ等を作成していった。

利用料金については，多様なアイデアが提示されたが，公共施設であることから，一般的なカフェよりも安価な設定となった。開館時間は，原則9時30分から17時30分とし，水曜日と金曜日を試験的に21時まで延長し，貸し切りでの貸出や tsumiki 主催イベントを行うといった利用方法が提示された。

このようにワークショップで出されたアイデアを反映させながら施設づくりを進めた結果，開設後に効果的であった部分と課題を残す部分とがあるものの，ハード面の整備については一定程度，利用実態に即した設計がなされたといえよう。一方，未利用の設備等の残された課題については，改善のための仕組みや仕掛けを引き続き検討する必要がある。

４．施設の運営について

（１）施設の概要

上記のワークショップでの検討・設計・施工を経て，tsumiki は，2016年11月に開館した（図表３－８・図表３－９）。スタッフは，常勤２名，非常勤３名，学生スタッフ２名による７名体制（2021年４月現在）となっており，２名以上が常駐している。

利用者数は，2016年11月から2020年12月までに延べ38,958名となった（新型コロナウィルス感染症拡大防止のため2020年３月から５月まで閉館）。また，同期間においてまちづくりや起業・創業に関わるイベント，セミナーは計153件実施された。相談件数については，2020年12月までに2,032件が寄せられており，販路拡大，経営，施設利用に関する相談が全体の約７割を占める。

施設のソフト運営面における機能は，1）カフェ形式のコワーキングスペー

図表3－8　tsumikiの外観

出所：tsumiki ウェブサイトより引用。

図表3－9　tsumikiの内装

出所：tsumiki ウェブサイトより引用。

ス，2）起業・創業支援，3）市民活動支援，4）情報収集発信の4つに大別される。コワーキングスペースは，250円を支払うと3時間の利用が可能となり，500円を払うと終日利用できる。起業・創業支援機能としては，企業・創業のための支援およびセミナーの開催のほか，施設内にセレクトショップをイメージして設置した委託販売コーナーがある。市民活動支援機能については，団体の設立やマネジメントに関する相談を随時受け付けている。

情報発信については，フリーペーパーの発刊に重点がおかれ，取材で得られた最新情報は，ウェブサイトやSNS，インターネットラジオ，YouTubeといったチャネルを使い分け，世代やニーズに合わせて発信している。

フリーペーパー「つみきのキモチ」は，開館以降，定期的に発行され，2021年1月現在で13号まで発行されている。利府町内で活躍する経営者や活動家などを紹介する「十符の里びと」，起業した事業者を紹介する「CHALLENGER」といった企画のほか，毎回何らかのテーマを設定し，利府町の情報を発信している。また，tsumikiでは，町民ライター講座を開催しており，その受講者がtsumikiライターとして一部の記事の取材から執筆までを担当している。このフリーペーパーはウェブサイトでも見ることができる。そして，2020年3月に，「つみきのキモチ」をもとに一冊にまとめた書籍『「tsumiki book2016-2020 新・生業をつくる―ゆるやかなネットワークから生まれるイノベーション』（図表3－10）を刊行した。

図表3－10 『tsumiki book』

写真提供：一般社団法人 Granny Rideto。

(2)「こ・あきない」による事業創造の仕組み

tsumikiの起業・創業支援の過程では，地域特性をも踏まえて，「小商い」という働き方に着目してきた。東日本大震災後，この「小商い」という働き方に注目が集まっており，いくつかの書籍も発刊されていたが，起業支援のモデルとして，この「小商い」を前面に打ち出したのは，管見の限り，tsumikiが最初である。復興過程では，企業においても，CSRやCSVといったように，社会貢献と価値の創出を関連づけた活動を盛んに展開し，社員の副業も認める風潮が出てきた。そこでは，副業を行うことで，ライフスタイルに余裕が生まれ，事業のアイデア次第では副業が本業になるケースや企業の新事業展開につながっているケースもみられる。利府町での起業支援の過程では，マッチングの要望が多く寄せられた。単独で取り組むとなるとハードルが高いと思われる案件が多く，人と人のつながりを活かして，人や地域資源を連携させて，イノベーションを起こすことを目指したのである。このような取り組みをtsumikiでは「こ・あきない」と命名した。小さな「個」の商いであっても，「CO（コラボレーション，collaboration）」することによって，事業性も見通せる，持続可能なビジネスモデルの創造に着手したのであり，そのことを名称に含意させた。

具体的には，「こ・あきない」を名称に付した，塾（ソーシャルビジネス・スクール）と市（マルシェ）の2事業を展開することによって，起業・創業を目指す人材の育成に取り組んでいる。そのイメージを，図表3－11に掲載した。

「こ・あきない塾」は，連続セミナーとして，年に1回開催している。定員は10名以下として，丁寧に一人一人のビジネスモデルを磨き上げる。お寺巡りとランニングを掛け合わせた観光ビジネス，乳・バター不使用の焼き菓子工房の設立など，ユニークなモデルがいくつか生まれている。

塾で生まれたビジネスモデルは，「こ・あきない市」で実践される。自分がつくった商品をすぐに消費者に届けることによって直接反応をもらいモデルを改善する機会ともなる。「こ・あきない市」は，年に3回開催され，毎回10店舗程度が出店し，多い時で300名以上の来場者がある。

図表３－11　こ・あきない市とこ・あきない塾の関係性

資料提供：一般社団法人 Granny Rideto。

なお，2021年度より，「こ・あきない塾」を，新生業塾と改称し，より革新性の高い取り組みを生み出すべく，取り組んでいる。

（３）連携から生まれた取り組み

tsumikiの館内ではショップスペースを設け，委託販売を行ってきた。町内在住者を中心に，主に個人事業主が出店している。出店するには，年に３回程度設けている審査会を通過する必要がある。tsumikiでは，外部審査員の助言も加味し，最終的に３者程度の事業者を選抜する。選ばれた事業者は，約４カ月間の期間内で，商品の販売に取り組み，その期間中に，消費者からの声をもとに，パッケージデザインの変更や関連商品の開発などを行い，ブラッシュアップを図る。委託販売の商品の中から，新たな利府町の名産品，土産品となり

図表3－12　パッケージについてデザイナーと相談する事業者

写真提供：一般社団法人 Granny Rideto。

うるものを選抜し，それを「こ・みやげ」として，期間後も販売している。

こうした取り組みを展開しているうちに，多様なセクターとの連携がうまれてきた。2019年より，町内にある大型商業施設イオンモール利府の空きスペースを活用する事業として，tsumikiに集まる地元の情報を集積した「ちょっともっとプロジェクト」が始まっている。

また，イオンモール1階のロビーでは，tsumikiが企画するこ・あきないのマーケットも定期的に開催し，地域に根差した商品を来場者に広く紹介している。加えて地元のフードバンク団体と連携しイオンモール内にフードボックスを設置して生活困窮者へ提供する食糧を集めている。この活動がモデルケースとなり，町外のイオンモールでもフードボックスの設置につながるなど広がりを見せている。大手ハウスメーカーの積水ハウス株式会社とは，町内のモデルルームを活用し，地元の作り手による陶器や木工品などを展示・販売する企画，「tsumiki Caravan Gallery」を実施し，町内で自宅を購入する予定の来訪者に地元の作り手を知ってもらう機会を提供している。

そして，こうした連携事業の担い手となっているのが，tsumikiで学び，実践に取り組んでいる若手事業者であることを付け加えておきたい。

5．おわりに

ここまで公共施設であるtsumikiについて，住民参加による設計プロセスと現状について記してきた。現時点での成果として，住民参加のワークショップを実施したことにより，限定的な条件・制約の中で利用者のニーズを可能な限り反映することができたこと，また，連続的・継続的なワークショップにより参加者のコミュニティが徐々に形成されたことが挙げられる。さらにそこから，開館後もワークショップの参加者がキーマンとなり，町民ライターによるフリーペーパーの制作，こ・あきない市への参画，施設前面のウッドデッキ，芝生のメンテナンス，施設のプロモーションなどtsumikiの事業に関わっている。このように設計プロセスに住民が参加することにより，ニーズに合わせた施設づくりができることに加え，新たなコミュニティが生まれることで公共空間の価値をより高める結果となった。

【注】

1）1957年よりはじまった，「デザインによって私たちの暮らしや社会をよりよくしていくための活動」であり，「かたちのある無しにかかわらず，人が何らかの理想や目的を果たすために築いたものごとをデザインととらえ，その質を評価・顕彰」する賞であるとしている（公益財団法人日本デザイン振興会，2020）。公益財団法人日本デザイン振興会が運営している。

参考文献・URL

一般社団法人Granny Rideto（2016）「リフコラボ調査報告書」。

一般社団法人Granny Rideto編（2020）「tsumiki book 2016-2020 新・生業をつくる―ゆるやかなネットワークから生まれるイノベーション」。

「グッドデザイン賞とは」https://www.g-mark.org/about/（2021年1月19日最終アクセス）

「利府町まち・ひと・しごと創造ステーション」http://rifu-tsumiki.jp/（2020年1月9日更新）

「Rifu-Co-Labo」http://www.rifu-colabo.org/（2020年1月9日更新）

第 4 章

東日本大震災の防災集団移転先における新旧住民によるコミュニティ形成の一考察
—石巻市川の上地区「川の上・百俵館」における事例—

1．はじめに

ご近所同士の地域を単位とした共助の対応行動がなされることが，我が国の大災害における地域コミュニティの特徴といえる[1)]。東日本大震災では，共助を担う機能として，それまでコミュニティに存在していた自治会，町内会および寺社組織などが，ソーシャル・キャピタルとして重要な役割を果たしたといわれている。玉野は，町内会および自治会を「特定の生活協力のための集団というよりは，地域社会の危機に対処する共同防衛団体の一種」と定義づけている[2)]。また法社会学者の名和田は，町内会について，町内会活動の担い手は，「地域の基底的な秩序を維持するのに必要な地味な（喜びは少なく苦労の多い）課題を，自然的な善意に基づいて義務意識が先行する形で遂行しようとするスタイルに親近感（少なくとも輪番で回ってくる役職を「まぁ仕方がないかな」と引き受ける用意）を持つ人たち」と定義している[3)]。こうした義務的あるいは消極的姿勢とは言え，日常的な地域づくり活動によって，我が国の地域コミュニティにおける人々の信頼関係や結びつきが日常的に習慣化され，いざとなった時には，近隣で互いに助けあう共助の潜在的土壌が形成されたと考えられる。このような自治会および地域づくりのあり方は，本章が論じる宮城県石巻市川の上（かわのかみ）地区においても，かつて多く見られた形態であった。他方で，近年，都市のみならず地方においてもサラリーマン層の増加とともに少子高齢化および核家族化が進展し，コミュニティにおける関係性が希薄になりつつある。本章では，東日本大震災において津波被害に伴い防災集団移転を余儀なくされた地域の移転先である石巻市川の上地区において，移転する住民と地域に住む元々の住民が協力して立ち上げた「石巻・川の上プロジェクト」が，新旧住民をつなぐためのコミュニティをいかにして構築してきたのか，その際，従

図表4－1　震災後の川の上地区への防災集団移転

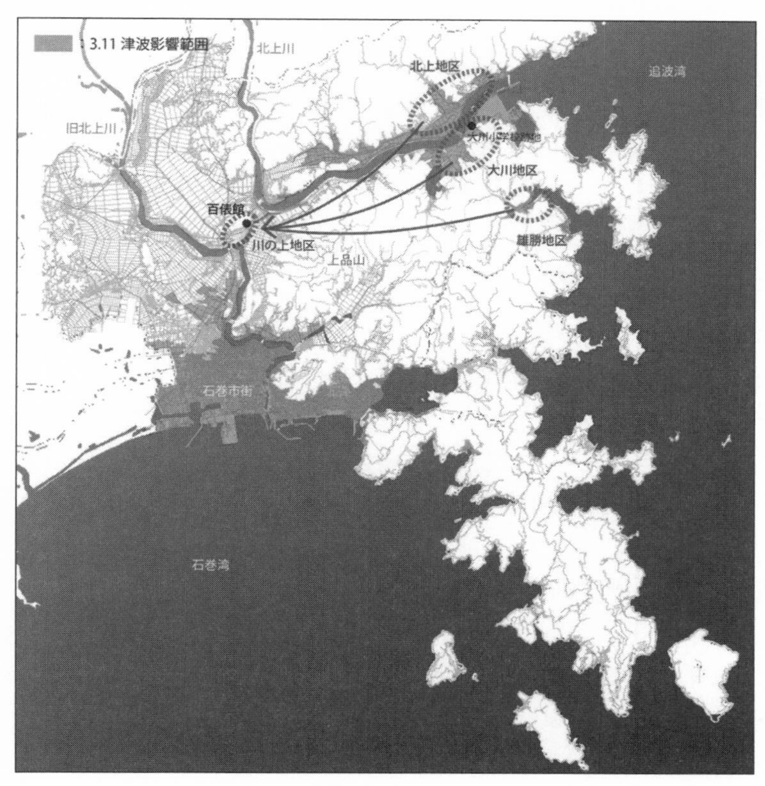

出所：石巻・川の上プロジェクト作成。

来，両地区が保持していたソーシャル・キャピタルがいかにして機能したのか，その取り組みおよびプロセスを考察するものである。まず東日本大震災における石巻市の被災状況を概観した上で，パットナムによるソーシャル・キャピタル論を振り返り，その上で，石巻・川の上プロジェクトがいかなる経緯で立ち上がり，その後，活動を展開したのかを論じる。これらを踏まえ，最後に，今後の災害後の地域コミュニティの形成のあり方を展望する。

2．東日本大震災における石巻市の被災状況と旧河北町の地域的特徴

宮城県石巻市は，2005 年 4 月 1 日に 1 市 6 町（石巻市，河北町，河南町，雄勝町，桃生町，北上町，牡鹿町）が合併して成立した自治体である。東日本大震災において石巻市は，津波により旧町区分で平野部の 1 市である旧石巻市とリアス式海岸の半島部の 4 町である旧北上町，旧河北町，旧雄勝町，旧牡鹿町が被災した。人的被害規模は，死者数が 3,277 人，行方不明者数が 419 人に上り，また建物被害は震災前を 100%とすると 76%が被災し，東日本大震災における最大の被災地である[4)]。

石巻市は広域であり，大きく分けて市街地と農村漁村の風景が連なる半島部に大別することができる。本章が対象とする石巻市川の上地区は，半島部の旧河北町の内陸部における田園地帯に位置している。旧河北町は，東西に約 21km，南北に約 13km の横長に広がり，町の中心に新旧北上川が流れる地域である。東西に長いことから，被災した地域と被災を免れた地域が明確に分かれており，海沿いの漁業を生業とした集落，特に旧大川小学校があった大川地区を中心に被災している。川の上地区は内陸部に位置していたことから，津波による直接的な被害はなく，そのため同地区にある追波川総合運動公園およびその周辺地域に大規模な仮設住宅が震災後に設置された。またその後，旧北上町の 11 集落から 20 世帯，旧雄勝町の 20 集落から 230 世帯，旧河北町の 4 集落から 160 世帯の，計 400 世帯あまりが集まる大規模な防災集団移転が計画さ

れ，その移転地として川の上地区が選ばれた（河北団地）。

川の上地区は，北に地域の里山である沢田山を背負い，東西に旧北上川と新北上川の2つの大河が流れ，南に新旧北上川を結ぶ追波川が流れている。川の上地区の入り口にある旧北上川では，かつて蛇行して氾濫ばかりしていたため，伊達政宗が家臣の川村孫兵衛に命じて治水工事を行っている。現在では，肥沃な大谷地耕土と新旧北上川の豊富な水の恵みによって，良質な「ササニシキ」と「ひとめぼれ」の産地となっている。また，川の上地区には，東西に三陸沿岸部を走る国道45号線が通り，三陸自動車道の河北ICと全国有数の集客数を誇る道の駅「上品の郷」に近接していることから，生活利便性が高い立地条件であった。移転者の多くは，自分の土地が災害危険区域に指定されたため，元々の土地で暮らしを継続することが困難であり，生活をするという視点に立った結果から震災後の住まいとして河北団地を選んでいる[5)]。移転世帯の約61％が災害公営住宅であり，その多くが高齢世帯であった。防災集団移転をする多くの移転者は，追波川総合運動公園およびその周辺地域の仮設住宅に居を構えた。

一般的に，サラリーマン層の増加と核家族化の進行によって，住民組織が希薄化すると言われるが，こうした現象は旧河北町においても進行していた。それでも旧河北町は，自治会のみならず，古くからの「講」などの文化が維持されている地域も多い。講は，本来仏教の講話を聞くために集まる人々の集会を意味したが，やがて信仰とは関係なく，村落社会における互助的な結合の単位として機能するようになったものである。川の上地区においても，男性家長を中心とする契約講が地区内に10組が組成され，また安産を祈願するための女性を中心とする観音講も，形態を変え維持され続けている。かつては地域の冠婚葬祭や共有林の管理などが講組織を通じて行われていたが，現在では，地域の側溝や草刈りなどの管理が共同で行われている。楽しさというよりは義務的な側面も多いと考えられるが，住民同士が定期的に顔を合わせる機会を少なからず提供している。この観点から，震災前の川の上地区は，都市型コミュニティと比べるとソーシャル・キャピタルに比較的恵まれた農村型コミュニティであったといえる。

3．ソーシャル・キャピタルとメタ・コミュニティの役割

災害が生じたとき，個人と家族および行政だけで救出救助，避難介助や災害避難所の開設と運営などが担えるものではなく，ご近所同士の地域を単位とした「共助」の対応行動がなされることが我が国の大災害後の「地域コミュニティ」の特徴といえる[6)]。旧河北町は，大きく分けて，飯野川地域，大川地域，二俣地域，大谷地地域の4地域に大別することができ，その中に40カ所の行政地区がある。本章が対象とする川の上地区は，大谷地地域に属する行政区の1つである。筆者が，2016年に旧河北町の行政委員20名を対象に実施したヒアリングでは，東日本大震災に際し，旧河北町の多くの地区において行政区の行政委員（区長）が主導的な役割を発揮していたことが明らかになっている。行政委員は，地区内におけるリーダーシップを発揮することを期待されていただけでなく，行政とのパイプ役を果たし，時には地区同士が連携して避難所の運営に対応していた。他方で，多くの地区では，地区の防災会を立ち上げる準備をしていた段階で被災したため，マニュアルなどを作成していた段階であり，また防災資材なども十分に準備されていなかった。

元々，旧河北町の行政委員は，市役所から住民台帳を渡されていた。しかし，筆者がヒアリングした際，多くの行政委員は，住民台帳をもとに自分たちなりのリストを別途作成しており，地区内の世帯数，世帯構成，独居世帯などについて詳細に把握し，自身の地区の過疎化がどれくらい進んでいるのか理解に努めていた。また，多くの地区に共通していたことは，行政委員が地区内住民のすべての顔や属性を把握していたことである。震災が発生した2011年3月11日，多くの行政委員は初動的対応として地区内の安否確認を即実施している。また，歩行が困難であろう独居世帯を訪問し，行政委員と地区の役員が手分けして自動車でピックアップし高台へ避難させている地区が多かった。訪問する際は，地区の婦人部を帯同するというプライバシーへの気遣いを見せる地区も

あった。震災初日，行政委員は合間をみて石巻市河北総合支所に適宜，対応策について伺いを立てているが，支所職員の大半が山を越えて旧河北町の沿岸部に面する大川地域の救援に出向いていたということもあり，この時点では明確な回答は得られていない。このように，旧河北町における震災直後の取り組みは，主に自助，共助によってなされており，公助の比率は低かったといえる。自助，共助が速やかに機能した背景として，従来からの地域内の関係性が起因していたものと考えられる。

人々の信頼関係や結びつきを表す概念として「ソーシャル・キャピタル」がある。ソーシャル・キャピタルとは，社会関係資本と呼ぶべきもので，信頼，相互扶助などコミュニティのネットワークを形成し，そこで生活する人々の精神的な絆を強めるような，見えざる資本である[7)]。米国の政治学者ロバート・D・パットナムによると，ソーシャル・キャピタルは，信頼・規範・ネットワークといった社会組織の特徴であり，共通の目的に向かって協調行動を導くものと定義している。信頼に裏打ちされた社会的なつながり，あるいは豊かな人間関係といった意味合いで使われている言葉である[8)]。パットナムは，イタリアの北部と南部で同じ政策を実施する際に，南北格差が生じるのは，ソーシャル・キャピタルの違いからであると指摘し，ソーシャル・キャピタルの蓄積が，民主主義を機能させる鍵となることを主張した[9)]。また，米国のコミュニティの例をあげ，同国のソーシャル・キャピタルの衰退を指摘している[10)]。

ソーシャル・キャピタルは，コミュニティを円滑に機能させるいわば潤滑油のような役割をもつ。ソーシャル・キャピタルが高い地域は，住民相互が信頼し合い，助け合いの規範が共有されている。反対にソーシャル・キャピタルが低い地域はお互いを信頼せず，進んで助け合うようなこともしない。当然付き合いは疎遠であり，団体活動は盛んでないとも言われている[11)]。豊かなソーシャル・キャピタルは，失業率の低下といった経済効果や，犯罪防止効果，住民の健康増進など，社会的に好ましい結果を多く生むということがこれまでの研究でも報告されている。パットナムによると，ソーシャル・キャピタルは信頼，互酬性（助け合い）の規範，ネットワークの３つの要素で構成される。この3つの構成要素は，互いに他要素を高めあう関係があると考えられている。前述のとおり，共助とは互いに助け合うことを意味するが，この助け合いとはソーシャル・キャピタルを構成する重要な要素の1つである。こうしたなかで，川の上地区における新旧住民によるコミュニティの構築を考える際に，従来同地区が保持していたソーシャル・キャピタルの向上が鍵になると考えられる。しかし，自治会や講のような義務的な地域づくりには限界があり，その他の在り方を模索する必要があった。震災後に，当該地域においていかなる課題が新たなコミュニティの形成過程において浮上し，解決が試みられたのかを，次節では，石巻・川の上プロジェクトの取り組みに焦点を当て，論じる。

4．石巻・川の上プロジェクトの発足

東日本大震災後，川の上地区では先述のように大規模な仮設住宅の設置と防災集団移転の移転先に決まるなど，地区が大きな変化に直面する中で，多くの課題が浮上していた。特に，川の上地区の一帯に元々住んでいる住民（約400世帯）と新たに防災集団移転してくる住民（約400世帯）がいかにしてあらたなコミュニティを構築するかが課題となった。こうした問題意識のもと，新旧住民の代表者と地元の有識者，県内外の専門家などが集まり，新旧住民をつなぐことを目的とした石巻・川の上プロジェクトが2013年3月に設立された。設立時の役員には，三浦信行（国士舘大学学長・教授），太田実（旧河北町町長，道の駅・上品の郷駅長），木村民男（石巻専修大学教授，前東松島市教育長），大槻幹夫（大川地区復興協議会会長），神山庄一（宮城県漁業組合河北支所運営委員長，尾崎地区自治会長），三浦貞夫（川の上地区民生委員），三浦秀之（杏林大学准教授）など旧河北町，特に川の上地区と防災集団移転元の大川地区に所縁のある人物が名を連ねた。実際の多くの取り組みは，運営委員として地域の若者や県外の専門家が関わり，多くの経験を持った役員が，運営委員に知見を共有することで，地域を包括的に巻き込むことを実現させている。

石巻・川の上プロジェクトは，「まちを耕し，ひとを育む」という理念を掲

げている。旧河北町の住民は，大なり小なり，幼いころから脈々と続く地域や家の伝統文化の大切さを教えられ，継承という言葉が知らず知らずのうちに精神の中に浸透していく環境であった。文明的な危機的状況に対して，国が興るも滅びるも，町が栄えるも衰えるも，ことごとく人にあるという観点のもと，学びながら行動を起こすことが迫られた。

石巻・川の上プロジェクトでは，「まちを耕し，ひとを育む」という理念を体現しつつ，地域の課題を解決するためにイシノマキ・カワノカミ大学という取り組みを，2013年5月から開始した。カワノカミ大学の狙いは，新旧住民がお互いの顔を合わせる機会の創出が目的であり，飲み会的な機能が期待された。ただし，せっかく住民たちが一堂に会するのであれば，新たなまちづくりを学ぶ機会をつくることが企図された。カワノカミ大学では，春夏秋冬に第一線で活躍する講師を県内外から迎え，毎回，新旧住民を中心に50名くらいの参加者を得ている。初回の早稲田大学教授で日本建築学会会長を務めた古谷誠章氏に始まり，第2回は東京農業大学学長を務めた進士五十八氏，第3回はまちづくりの先進都市である長野県小布施町にある町立図書館「まちとしょテラソ」の初代館長の花井裕一郎氏などを招いている。講師の交通費および謝金などは，地域住民がまちづくりのためにプールした基金が活用されている。講演後の懇親会なども地域住民が食材を持ち寄って開催されていた。

図表4－2　第1回イシノマキ・カワノカミ大学とその後の懇親会の様子

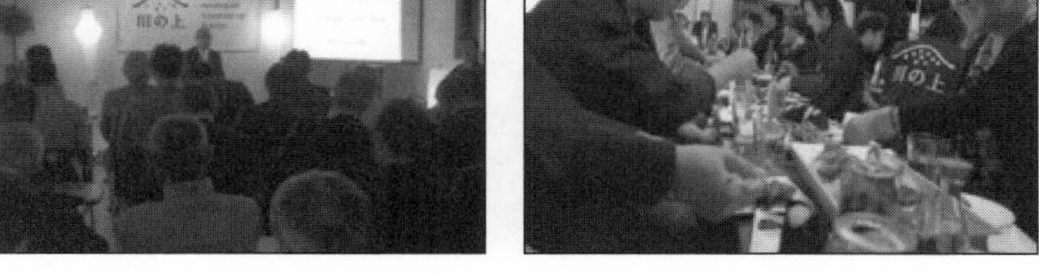

写真提供：石巻・川の上プロジェクト。

カワノカミ大学を通じて，新旧住民が顔を合わせる機会を少なからず創出することが実現できた一方で，課題も浮上してきた。すなわち，カワノカミ大学で出会った人たちがその後，定期的なコミュニケーションをとる関係性に発展することが期待されたものの，その実現には程遠かった。そうした中で，新旧住民から，定期的に顔を合わせることができる「居場所」の創出が求められるようになった。石巻・川の上プロジェクト内で協議した結果，川の上地区の住民たちが資金を出し合い，旧大谷地農業協同組合の跡地に残された大正時代につくられた築 80 年の旧農協精米所をリノベーションし，コミュニティにおけるサードプレイス「川の上・百俵館」をつくることが決まった。オルデンバーグによると，サードプレイスとは，家庭や職場での役割から解放され，一個人としてくつろげる，コミュニティのなかにあるかもしれない楽しい集いの場，関係のない人同士が関わり合うもう 1 つの我が家，インフォーマルな公共生活である [12]。川の上・百俵館は，被災地における新旧住民のコミュニティの拠点になり得るようなサードプレイスの構築が目指された。

川の上・百俵館がつくられた旧農協精米所は，現在の川の上地区の三浦家の敷地内に位置し，かつてこの場所には，大谷地村役場，大谷地農業協同組合，共済組合および郵便局があり，旧大谷地村の中心であった。また，川の上地区の前を流れる追波川には，かつて 2 カ所の船着き場があり，石巻中心部と地域

図表 4 － 3　昭和 30 年代の川の上地区の様子

写真提供：石巻・川の上プロジェクト。

図表4－4　川の上地区と川の上・百俵館の位置

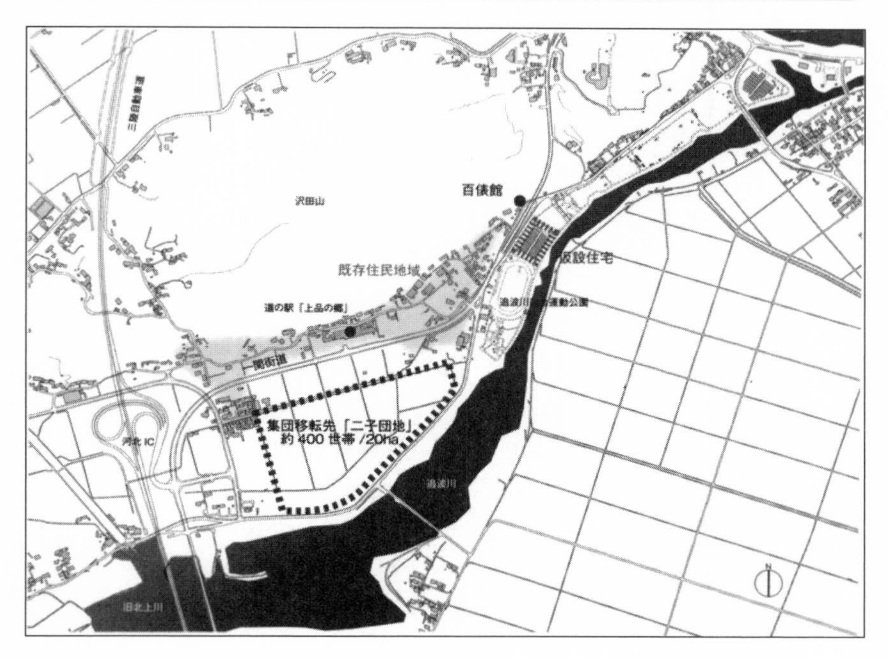

出所：石巻・川の上プロジェクト。

をつなぐ交通の要所でもあった。先述のように，現在，川の上地区には三陸自動車道の河北IC，道の駅・上品の郷や追波川総合運動公園などがあり，時代を経てもその要衝として位置づけは今も変わっていない。

5．川の上・百俵館のハードをめぐるデザイン・プロセス

旧農協精米所をリノベーションし，地域コミュニティの拠点として活用する方向性は決まったが，石巻・川の上プロジェクトの理念である「まちを耕し，ひとを育む」というビジョンを具体化していくにあたり，その文脈をいかにしてデザインするかが，次の課題となった。石巻・川の上プロジェクトでは，コ

ミュニティ施設というハードの構築のみならず，主体者である地域の人たちを巻き込み，自分事化させていくプロセスを重視していた。そのため石巻・川の上プロジェクトでは，設計士やデザイナーといった専門家と新旧住民が共有できるビジョンを編集し，具体化していくためにワークショップを多数実施している。専門的領域の見地から構成されがちな具体化プロセスに対して，ワークショップを通じてリーダー目線とユーザー目線にシフトすることで，より本質的な場についての議論がなされた。ワークショップを通じて，抽象的であったコンセプトが，①教育，②居場所，③暮らし方という3つのキーワードに落とし込まれた。その結果，建物のようなハードをつくることはあくまで「はじまり」であり，そこから人を巻き込んだ場を育んでいくことのイメージがプロジェクトに参加するメンバー内に共有されるようになった。ワークショップを経て紡ぎ出された3つのキーワードを具現化するため，建築，ランドスケープ，

図表4－5　理念から派生した3つのキーワードとその先の取り組み

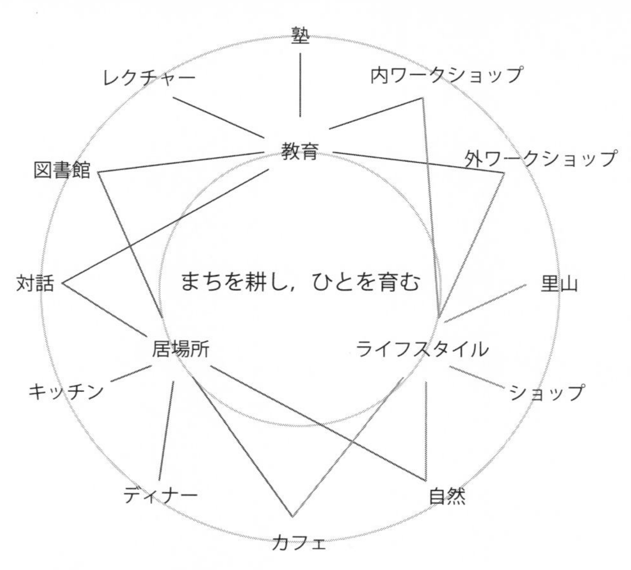

出所：石巻・川の上プロジェクト。

図表４－６　川の上・百俵館リノベーション・ワークショップの様子

写真提供：石巻・川の上プロジェクト。

照明などの観点から動く設計チームと，その場のシーンをいかに創出していくかを検討するソフトチームが始動した。

川の上・百俵館の場づくりにあたり，新旧住民の交流を促すため，また活動を自分事として捉えるためのプロセスの共有が重視された。地域住民とともに多くの専門家が関わり，新旧住民が主体的に建設に関わる多数のワークショップが実施された。例えば，建物の漆喰塗や焼杉板づくりなどは地元の職人たちの指導を受けながら，延べ300人を越える地域住民が建設に携わっている。通常の建築物よりも時間と労力は掛かるが，これらプロセスの共有を通じて，自分たちがつくった場所としての意識を創出することにつながったと考えられる。このプロセスがうまく機能した要因として，川の上地区の住民の中に，大工，左官屋，ペンキ屋，電器屋，植木屋などの職人が揃い，それぞれが地域の自治会および寺社組織などの地域活動の役職を兼任し，人とのつながりが地域において欠かせないという考えが共有されていたことも背景にあったと考えられる。

また場づくりにあたり，日常の中の非日常という考えが大切にされた。旧河北町の風景に溶け込みながらも，家や仕事場とは異なる安らぎの場であり，いつも誰かが何かをしているような高揚感のある場づくりが目指され，非日常的空間が結果として新旧住民にとって隔てなく共有できるきっかけになるという

図表４－７　沢田山からの玄昌石の採石とエントランス広場の石張りワークショップの様子

写真提供：石巻・川の上プロジェクト。

考えが意識された。それらを成し遂げる上で重要な役割を果たしたのが，建物前のエントランス広場全体に利用された玄昌石であった。旧河北町の隣町の旧雄勝町が，硯やスレート瓦などに加工される玄昌石の産地として全国的に名をはせているが，かつては川の上地区の沢田山においても玄昌石が採掘されており，加工されたスレート瓦が旧東京駅の屋根の一部にも使われていた。現在はその採掘はされていないことから，玄昌石の採掘にあたり沢田山に重機が入り，材料を調達するところから始められた。採掘された玄昌石が広場に敷き詰められ，職人から指導を受けながら住民が技術を理解し，学んだ人々が他の人へ伝えていくといった引き継がれる場づくりが行われた。こうしたプロとアマの手が混在し，時間をかけてつくり出された広場は，ムラがあれども不具合があれば地元の山から材料を調達し，ときに職人に相談し，自分たちの手で修繕をすることが可能となったことから，いわば治癒力のある広場になったといえる。

こうした川の上・百俵館をつくる過程で生じたプロセスの共有を通じて，老若男女問わず自然とコミュニケーションが活性化され，年配者が若手に先人の経験や知恵を伝承する光景が多く垣間見られた。また自然と，地域に対する愛着，言わばシビックプライドが芽生える瞬間でもあった。まさにこれは，新た

図表4－8　川の上・百俵館の開館の様子

写真提供：石巻・川の上プロジェクト。

に創出されるコミュニティにおけるソーシャル・キャピタルといえよう。こうして，長い年月をかけてプロセスを共有しながら，地場の資源と地域住民たちの手によってつくられた川の上・百俵館は，2015年4月11日に開館した。

6．川の上・百俵館のソフトをめぐるデザイン・プロセス

既述のように，川の上・百俵館におけるコンセプトは，ワークショップを通じて，①教育，②居場所，③暮らし方という3つのキーワードが導き出され，それぞれのキーワードを実現するためのシーンが検討された。例えば，「教育」では，図書館や塾，レクチャーといった機能であり，「居場所」ではカフェといったものである。こうしたシーンは，百俵館を運営する地域メンバーにも強く共有され，開館以降，事前に検討されたシーンに沿ったアクティビティが日々行われている。

「米百俵館の精神[13)]」を掲げる百俵館において最も大切な取り組みは教育である。石巻・川の上プロジェクトが発足して以来続いているカワノカミ大学によって地域と教育がリンクしているだけでなく，多様な教育活動が行われてい

図表４－９　川の上・百俵館におけるシーンを考える過程でつくられたイメージ図

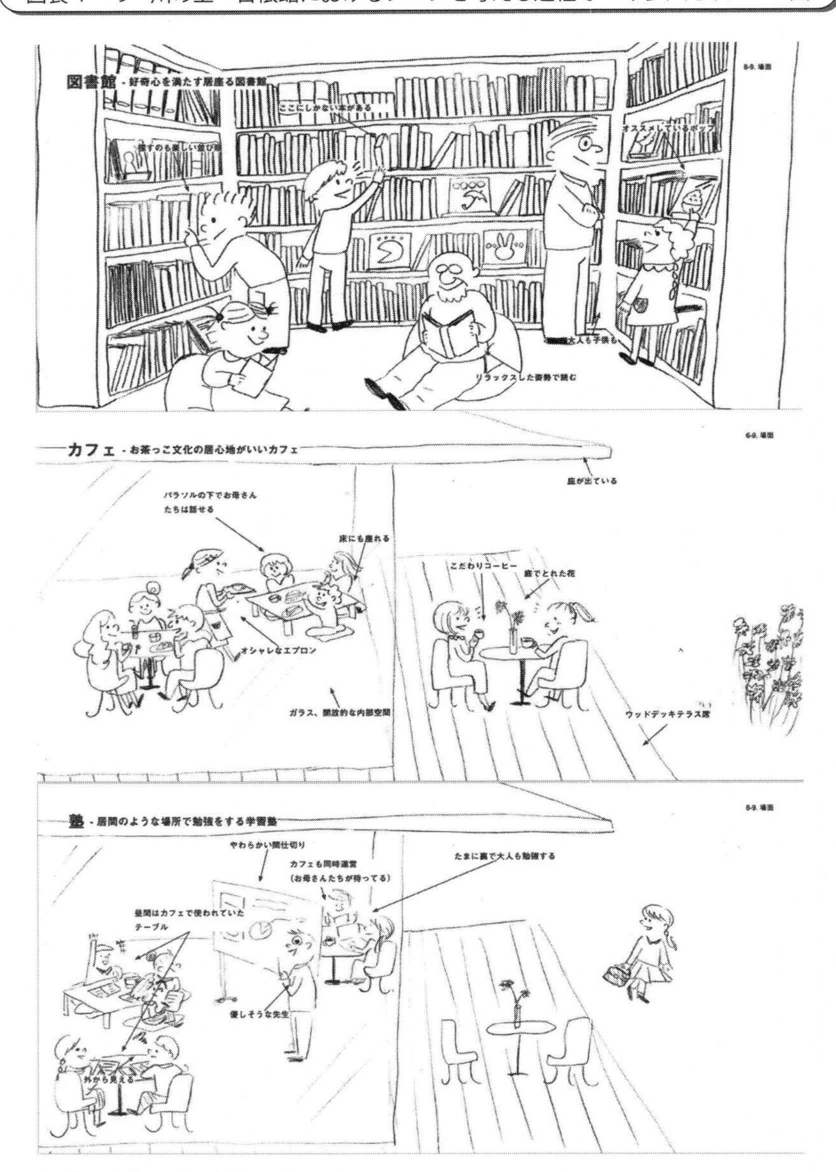

出所：石巻・川の上プロジェクト。

図表4－10　週3日夕方から始まる寺子屋の様子

写真提供：石巻・川の上プロジェクト。

る。昼間の百俵館は，約3,000冊の本に囲まれた図書館として老若男女に活用され，灯が燈るにつれて近所の小中高生70名が週3回，寺子屋に英語と数学を学ぶために集っている。

昼間の百俵館は，ゆったりと読書をしたりお茶を飲んだりしながら過ごす「居場所」として利用されている。「お茶っこ」と呼ばれる文化が色濃く残る川の上地区ではお茶は欠かせないコミュニケーションツールである。かつてのお茶っこは誰かの家に集まってお茶を飲むというのが一般的であったが，ヒアリングの中で多くの地域住民が言っていたことは，時代の流れとともに他所の家に上がる敷居が高くなってきていたということである。百俵館ではカフェを併設し，現代版のお茶っこができる場づくりが企図された。カフェには，北限のお茶と言われる桃生茶や地域の焙煎所が届けるカワノカミブレンド，地域のベーカリーから毎日持ち込まれる焼き立てパンなどが揃い，カフェを運営する地域の女性たちが地域の顔役としてコミュニティをつなぐ役目を果たしている。

百俵館における「暮らし方」は，事前にイメージは共有されていたものの，実際のところは，偶然性も相まって開館後に自然に醸成されたものであると考えられる。ここでは，新旧住民が，自分たちができることに自主的に取り組み，百俵館を支えようとするアクションが多く散見されている。例えば，百俵館の

図表４－11　川の上手づくりマーケット

写真提供：石巻・川の上プロジェクト。

図表４－12　地域住民の憩いの場となるカフェ

写真提供：石巻・川の上プロジェクト。

前に立つ仮設住宅（その後，河北団地）の住民が草刈りなどに自主的に取り組んだり，大雪が降った際の除雪に取り組んでいる。また地域の女性たちが，百俵館を盛り上げるために，手作りマーケットを発案し，自主的に毎月第３日曜日に開催している。さらに地域の大谷地小学校の子供たちと教員が，卒業前に地域に愛着を持ち，盛り上げることを企図した河北元気祭りが催されている。百俵館という場を通して，元来多くのソーシャル・キャピタルを有していた地域において，日常的に新旧住民が接するきっかけが生まれ，心地よい形で信頼関係が育まれ，コミュニティにおけるネットワークの形成に寄与した。結果的に，新旧住民の精神的な絆が強まり，大小問わず，自然発生的にさまざまな自主的な取り組みが創出されることにつながったといえる。今では，老若男女問わず，多くの地域住民が百俵館と何かしらの関わり合いを持ち，場に対しての愛着が芽生え始めていると考えられる。

7．おわりに

コミュニティの構築において，地域における潜在的なソーシャル・キャピタルの存在が問われ，住民同士の日ごろからの関係性が非常に重要であると考えられている。コミュニティにおいて日常的に顔を合わせる関係性が出来ているかが鍵となり，それを経ないで何か新しいことを創出しようとすると，その企画は頓挫する可能性すらある。かつては，こうした地域におけるソーシャル・キャピタルは，自治会などによる地域づくり活動によって担保され，いざとなった時に，近隣で互いに助けあう「共助」の潜在的土壌となった。しかし，こうした取り組みは，現代社会，特にサラリーマン的な働き方，あるいは核家族化の進行によって，多くの地域において構築が難しくなり，社会の紐帯を別の形で実現する方策を模索する必要性が出てきた。

共助を機能させ，あらたな地域を構築するにあたり，住む人たちにとって心地よい，愛着のある地域をいかに創出するかが重要な視点になる。そのうえで，新たに住む場所について，あるいは従前より住んでいる場所について，自分事として捉え，考え，議論するきっかけが必要になる。本章で考察した，東日本大震災の防災集団移転先における新旧住民によるコミュニティの形成過程において，川の上・百俵館という場を通じ世代を超えて地域住民同士の関係性が構築され，人が場に対して帰属意識を持ち，主体的に場に関わる様子が垣間見られた。このような場への帰属意識を育む大切な要因は，場が誰かによって計画され，つくられ，与えられるのではなく，時間をかけて地域住民がプロセスを共有しながら，自分たちの場を構築するという行為であると考えられる。このことは，今後の我が国における災害後の復興過程において，多くの示唆を与えるものと考えられる。

石巻・川の上プロジェクトにおける取り組みは，2015年と2018年にグッドデザイン賞ベスト100を受賞している。本章を締めるにあたり，2018年に審査員から得た評価を記して最後としたい[14)]。「東日本大震災の後，仮設住宅に避難して来た移住者と元々の地域住民との間の共生関係を実現するために，個人宅の蔵が有志によって街のコミュニティセンターに生まれ変わった。その美しく感動的な物語は，遠く海外まで響いている。この物語にとって，美しい建築のデザインと綿密な対話の場が果たした役割は大きい。今でも終わらずに描かれ続けている，新しい地域が生まれるまでの壮大な物語の続きを早く見てみたい。ここから育つコミュニティの発展が楽しみでならない」。

【注】

1）市古太郎（2012）『減災コミュニティ論と事前復興づくり』Journal of Liveable City Studies, 3, pp.13-21。

2）玉野和志（1991）「町内会：なぜ全戸加入が原則なのか」吉田民人編『社会学の理論でとく現代のしくみ』新曜社。

3）名和田是彦（1998）『コミュニティの法理論』創文社，p.97。

4）石巻市『被災状況』2020年10月2日更新。

5）小林徹平・平野勝也・松田達生・小野田泰明・中木亨・中田千彦・今村雄紀（2015）『宮城県石巻市河北団地における移転団地の設計』土木学会景観デザイン研究講演集，No11。

6）前掲，市古（2012）。

7）山内直人（2005）『日本のソーシャルキャピタル』大阪大学大学院国際公共政策研究科NPO研究情報センター，pp.1-4。

8）内閣府（2003）『ソーシャルキャピタル：豊かな人間関係と市民活動の好循環を求めて』。

9）Putnam, Robert D.（1993）*Making Democracy work: Civic Tradition in Modern Italy*, Princeton University Press.

10）Putman, Robert D.（2000）*Bowling Alone - the collapse and Revival if American Community*, Simon and Schuster.

11）砂金祐年（2004）「地域防災力の向上とコミュニティの役割」中邨章・幸田雅治編著『危機発生！そのとき地域はどう動く』第一法規，pp.113-139。

12）レイ・オルデンバーグ（2013）『サードプレイス』みすず書房（邦訳）。

13）米百俵の精神は，新潟県長岡に伝わる歴史的精神である。戊辰戦争後，困窮していた長岡藩を救うべく支藩の三根山藩から見舞いとして米百俵が届いた。これを大参事であった小林虎三郎は「食えないからこそ，学校を建てて人材を育てるのだ」という信念を貫き，反対を押し切って「国漢学校」を建てた。そしてそれが長岡の復興につながっていったといわれている。川の上地区の三浦家が，長岡藩とのつながりがあることから，苦難における教育の大切さを説く米百俵の精神にあやかり，川の上・百俵館という名がつけられた。

14）担当審査員は，岩佐十良氏，伊藤香織氏，太刀川英輔氏，並河進氏，服部滋樹氏である。

参考文献

砂金祐年（2004）「地域防災力の向上とコミュニティの役割」中邨章・幸田雅治編著『危機発生！そのとき地域はどう動く』第一法規，pp.113-139。

石巻市『被災状況』2020年10月2日更新。

市古太郎（2012）『減災コミュニティ論と事前復興づくり』Journal of Liveable City Studies, 3, pp.13-21。

小林徹平・平野勝也・松田達生・小野田泰明・中木亨・中田千彦・今村雄紀（2015）『宮城県石巻市河北団地における移転団地の設計』土木学会景観デザイン研究講演集，No11。

玉野和志（1991）「町内会：なぜ全戸加入が原則なのか」吉田民人編『社会学の理論でとく現代のしくみ』新曜社。

内閣府（2003）『ソーシャルキャピタル：豊かな人間関係と市民活動の好循環を求めて』。

名和田是彦（1998）『コミュニティの法理論』創文社，p.97。

山内直人（2005）『日本のソーシャルキャピタル』大阪大学大学院国際公共政策研究科NPO研究情報センター，pp.1-4。

レイ・オルデンバーグ（2013）『サードプレイス』みすず書房（邦訳）。

Putnam, Robert D.（1993）*Making Democracy work: Civic Tradition in Modern Italy*, Princeton University Press.

Putman, Robert D.（2000）*Bowling Alone - the collapse and Revival if American Community*, Simon and Schuster.

第 5 章

小規模漁村集落における
コミュニティビジネスの事業最適化プロセス
―石巻市蛤浜 cafe はまぐり堂の事例―

1．はじめに

東日本大震災からの復興過程では，地理的にみて条件不利とされる地域において，数多くの取り組みが展開されてきた。こうした地方部の活性は全国的な課題でもあり，復興から3年が過ぎた2014年11月には，「まち・ひと・しごと創生法」が公布され，政府は全国的に地域活性の取り組みを支援することとした。2015年は「地方創生元年」と位置づけられ，地方創生はいわばブームともなっていった。しかし被災地では，まだそのブームに本腰を入れることができる状況ではなかった。

そうした状況下において，本章で取り上げる「cafe はまぐり堂」（以下，はまぐり堂）は，復興過程における秀逸な事業モデルとして各種メディアで取り上げられたこともあり，多くの視察者が訪れ，他地域における地方創生事業の参照事例とされていった。景観と調和した店舗のデザインや地域資源を活用した事業構想が多くの注目を集めたのである。しかし，経営面では，長きにわたる試行錯誤の繰り返しであった。

以下，はまぐり堂が立地している石巻市牡鹿半島の蛤浜（はまぐりはま）に関する地理的特徴や，キーパーソンとなる店主，亀山貴一氏（以下，貴一氏）

の生い立ちにも着目しながら，その経営プロセスについて考察を深める。

2．cafe はまぐり堂について

まず，本章で取り上げる「はまぐり堂」について，設立経緯や立地環境などの基礎的な情報を整理していきたい。

図表５－１　蛤浜の位置

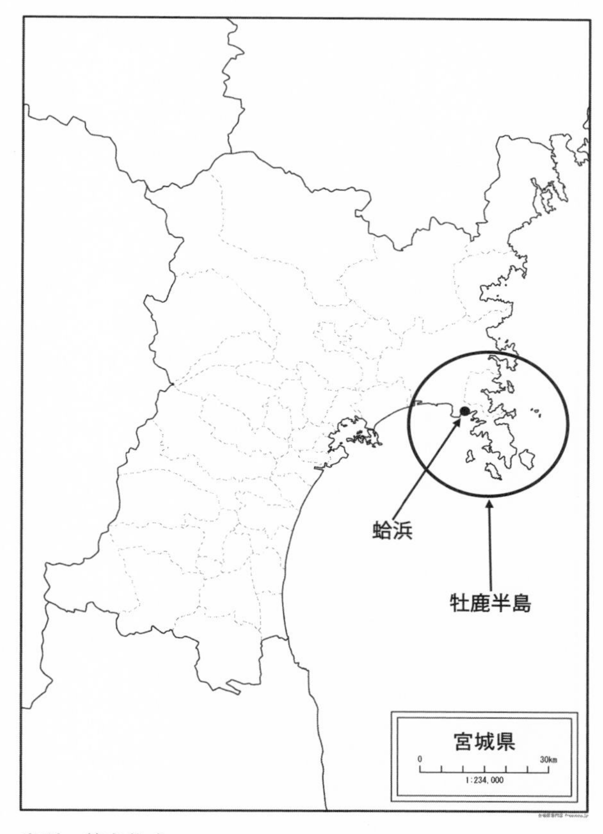

出所：筆者作成。

(1) 立地環境について

はまぐり堂は，宮城県北東部から太平洋に向かって突きだした牡鹿半島の付け根に位置する蛤浜に店舗を構えている。牡鹿半島は，入り組んだリアス式海岸に囲まれ，沿岸部には小規模な漁村集落が点在しており，蛤浜はその集落の1つである。

石巻駅から蛤浜への移動手段は，1日3本運行されるバスを利用することとなり，所要時間は片道約40分である。出発地が仙台駅の場合は，電車とバスを利用し，片道約2時間の道のりとなる。

蛤浜の地形に目を向けてみると，山林が海まで300メートルほどの位置まで迫っていることが特徴として挙げられる。そのため，海と山林の間に小さく存在する平地に住居が密集しているのである（図表5－2）。このような地形はリアス式海岸の典型であり，牡鹿半島の多くの漁村集落で同様の景観が確認できる。

2011年，この小さな漁村集落である蛤浜は，東日本大震災による津波と台風15号という2つの水害に襲われた。蛤浜に押し寄せた津波の高さは推定約10メートルとされ，集落にあった14戸（空き家5戸を含む）の家屋のうち8戸が津波によって流出した。なお，残った6戸のうち1戸は半壊状態であったこ

図表5－2　蛤浜の全景

写真提供：藤野哲氏。

図表5－3　はまぐり堂の外観（写真中央の石垣上の建物）

出所：筆者撮影。

とから，後に取り壊されることとなった。さらに，追い打ちをかけるように襲来した同年9月の台風15号によって，2戸の家屋が被災した。2戸のうち，1戸は全壊状態のため取り壊され，もう1戸が，後にはまぐり堂となる亀山家の家屋である。亀山家の家屋は，床から約1mの高さまで土砂が流入するなどの被害を受けていた。結果として，その亀山家の家屋を含めて，集落の家屋は4戸を残すのみとなった。

（2）蛤浜再生プロジェクトの着想

以下，蛤浜の再生および，はまぐり堂の開業に至る経緯を，貴一氏からのヒアリング情報を基に記す。

震災発生当時，貴一氏は宮城県水産高等学校の教員であった。それまで住んでいた蛤浜の家屋は被災により居住できなくなったため，震災後は少し離れた石巻市内から勤務校に通い，復旧対応にあたった。

勤務校の復旧が一段落した頃，当時の蛤浜行政区長が，この地で漁業を続ける決心を語る様子がニュース番組で報道され，それを見た貴一氏は，しばらくぶりに蛤浜を訪れた。そこで行政区長をはじめとした地域の住民から蛤浜再生への想いを聞き，もともと蛤浜に強い愛着を持っていた貴一氏は，この漁村集

図表５－４　蛤浜再生プロジェクトのスケッチ

資料提供：亀山貴一氏。

落の営みを再生し，後世へ残したいという願望を強く抱くようになった。このような過程を経て，貴一氏は2012年3月に1枚のスケッチを作成しており，それが図表5－4である。

このスケッチにはレストランやギャラリー，宿泊施設などが描かれており，以降，蛤浜で展開される活動の設計図として機能することとなる。そして，貴一氏はこの一連の構想を「蛤浜再生プロジェクト」と命名した。

構想の実現へ向けて少しずつ歩みを進めるべく，貴一氏はスケッチを見せながら蛤浜の住民や周囲の関係者への相談を開始した。

集落の未来像がイメージしやすいスケッチであったため，住民からの反応は良かったものの，その他の関係者からは否定的な意見もあり，蛤浜再生プロジェクトはスタート直後から暗礁に乗り上げることとなる。また，構想全体の実現には多額の資金が必要となるため，その調達のために各種寄付金や補助金などへのエントリーを試みたものの，審査が通ることはなかった。

そうした状態を脱するきっかけとなったのが，震災復興支援活動を展開していた任意団体「NEXT ISHINOMAKI」のメンバーとの出会いであった。このメンバーが貴一氏のスケッチに共感し，協力体制が構築され，構想が動き始め

図表５－５　津波を受けた蛤浜の様子

写真提供：亀山貴一氏。

図表５－６　ボランティアによる瓦礫撤去の様子

写真提供：亀山貴一氏。

たのである。

活動の第一歩として，瓦礫撤去や泥かきに着手した。これらの瓦礫を撤去するには多くのマンパワーが必要となる。そこで，友人や知人に声をかけながら，徐々に協力者の輪を広げ，多いときには１日 100 人を超えるボランティアの来訪があった。彼ら彼女らの主な目的は瓦礫撤去であったものの，徐々に，作業の合間にバーベキューを行うなど，ネットワークの構築につながる動きが自然と展開され，口コミによって，さらに来訪者が増えるという好循環が発生していったのである。

徐々に瓦礫の撤去作業が軌道に乗り始めた頃，2012年8月には「NPO法人東日本夢の架け橋プロジェクト」が主催する，被災地域の水産高校生向けの研修プログラムに宮城県水産高等学校の生徒が参加することとなり，貴一氏も引率のため約3週間ニューヨークへ渡航する機会があった。研修内容は，現地で水産関係の事業を展開している日本人の事業家を訪問しながら国際感覚を養い，語学を学ぶというものである。

貴一氏はこの渡航中も蛤浜再生プロジェクトに関する資料を持参しており，訪問先の事業家に意見を求めていくなかで，プロジェクトに専念する覚悟が固められていった。アメリカ研修から帰国した同年9月，貴一氏は勤務校へ辞意を伝えた。それまでは教員をしながら蛤浜再生プロジェクトを進めていたが，その体制に限界を感じていたこともあり，自ら逃げ場を無くすことによってプロジェクトの実現へ注力する環境を整えたのである。

（3）カフェ開業までの経緯

瓦礫撤去の目処が立ち，次に着手したのがカフェの設置である。構想の全体像にはレストランやギャラリーなど，複数の事業が含まれていたが，まずは，人が集まる場所が必要との意見が多数を占めたことがその理由である。

当初，カフェの建屋は新築する方針であった。しかし，必要な資金を調達できる目処はたたず，前述のとおり補助金や助成金はおろか，金融機関からの融資も見込めない状況であった。そこで，方針を転換し，自己資金と周囲からの支援金を合わせた約400万円の範囲内で実現可能な方策を検討することにした。その結果，かろうじて残っていた貴一氏の実家をリフォームし，カフェとして活用することを決断した。しかし，この家屋も床上約1メートルまで土砂が流入していたため，再びボランティアの協力を得ながら整備を進めることとなった。

そして，貴一氏は，瓦礫撤去を通じて親しくなった4名に声をかけ，カフェの立ち上げスタッフとして迎え入れた。彼ら彼女らの前職は料理人やクレーンオペレーターなどであり，メニュー開発や内装工事の際には，それぞれの専門性が発揮された。スタッフ間での議論の結果，提供するメニューは，食事を通して蛤浜の魅力を伝えるという方向性が定まり，季節の総菜と味噌汁に，竈で炊いたご飯のおにぎりか自家製パンを選択できる「はまぐりセット」と，鹿の肉を使った「鹿カレー」の２種類を看板メニューとしながら，その他の品目も増や

図表５－７　はまぐり堂の外観

写真提供：亀山理子氏。

図表５－８　はまぐり堂の店内

写真提供：亀山理子氏。

していった。

この間，ここでは書ききれないほど多くの協力者の後押しを受け，貴一氏がスケッチを描いてから約1年後の2013年3月11日に，「cafeはまぐり堂」のオープンが実現したのである。

3．貴一氏の生い立ちとカフェ開業後の展開

（1）貴一氏の幼少期の経験

震災後の蛤浜の象徴的な存在となったはまぐり堂の建屋は貴一氏の生まれ育った実家であり，この家屋は曾祖父である亀山忠吉氏（以下，忠吉氏）が建築したものである。忠吉氏は蛤浜で漁師をしながら，得意であった大工仕事に従事しており，住居の建築だけでなく，造船や地域の寺の建造にまで関わっていた。

他方，当時は第二次世界大戦の渦中であり，その影響で戦災孤児となった子供を忠吉氏は受け入れ，自宅で育てていた。受け入れた子供たちは一定期間を蛤浜で過ごした後に全国各地において就業し，各界での活躍を果たしながらも，折を見ては蛤浜に遊びに来ており，幼少期の貴一氏ともコミュニケーションをとっている。このことから，貴一氏の周りには幼少期から，血縁はないが親戚のような間柄の人びとと違和感なくコミュニケーションをとる環境が整っていた。

図表5－9　生後間もない貴一氏と忠吉氏

写真提供：亀山貴一氏。

『石巻の歴史　第三巻』によると，かつての牡鹿半島では親子関係にはないもの同士がさまざまな理由によって親子の関係を結ぶ，擬制的親子

の習俗があり，「エビス親，エビス子」の呼称で浸透していたとの記録がある。この親子関係を結ぶとエビス親からエビス子へ名前が与えられ，日常生活ではこの名前を使っていた。これは戸籍上の名前とは別になるため，石巻市牡鹿半島の西部に位置し，猫島として知られる離島である田代島の仁戸田浜などでは名前が2つある人が大勢いたとのことである。忠吉氏がこの習俗を意識していたか否かは定かでないが，牡鹿半島の各所でこのような親子関係が存在していたことを踏まえると，戦災孤児を受け入れるという行為はさほど珍しくなかったのかもしれない。いずれにせよ，震災からの復興過程では，ボランティアをはじめとした域外からの人材の受け入れが重要であったことを考えると，この幼少期の経験が，貴一氏の活動に一定の影響を与えたことが推測される。

さらに，貴一氏の進路に大きく影響を与えた人物として，祖父である亀山昭雄氏（以下，昭雄氏）と父親の亀山公則氏（以下，公則氏）を挙げることができる。

昭雄氏もやはり漁師であり，頻繁に貴一氏を船に乗せて漁に出ていた。また，父親の公則氏は石巻市内で鮮魚店を営んでいたため，貴一氏は空いた時間に店の手伝いをし，魚に関する知識を深めていったのである。このような生活環境から，貴一氏は，将来は漁師になり，蛤浜に住み続けたいとの想いを抱くようになっていった。

しかしながら，貴一氏が漁師を目指すことについては，母親である亀山ひふみ氏（以下，ひふみ氏）から猛反対を受けるなど，年齢を重ねるごとにその想いがかなわぬ現実に直面し，その後も大きな憤りと葛藤に苛まれることとなった。悩んだ末，進路はひふみ氏の強い勧めでもある公務員として漁業に携わることを目標とし，宮城県水産高等学校・栽培漁業科を卒業後，宮崎大学農学部・生物環境科学科での学部生活を経て，地元石巻の石巻専修大学理工学研究科の修士課程を2006年に修了したのち，出身校である宮城県水産高等学校の教員となった。

教員になり5年が経過した2011年に東日本大震災が発災し，これをきっかけに蛤浜でさまざまな活動を展開することとなったのは先に記したとおりである。

図表５－10　高校教員時代の貴一氏（写真中央）と学生

出所：宮城県水産高等学校卒業記念写真集より。

（2）カフェ開業後の展開

図表５－11に，はまぐり堂開業後の展開を示した。石巻市は，東日本大震災の被災地でもとりわけ被害が大きく注目度も高かったため，多くの人々が訪れ，数多くの復興事業が展開されていた。2014年には，ハーバード大学のメンバーが，復興過程におけるビジネスモデルを題材に，学修プロジェクトを実施したのであるが，その際，はまぐり堂も事例として取り上げられている。

貴一氏のビジネスモデルは徐々に理解されていき，この頃には，復興支援助成金などの支援を受けることができており，並行して売り上げも上昇していたことから，2014年4月の段階で，一般社団法人はまのねとして法人化を果たした。2015年には，はまぐり堂で働いていたスタッフが他地域でカフェを開業している。以降も，スタッフが独立して開業する事例がみられ，貴一氏はそれを積極的に支援していた。また，蛤浜の再生プランも，徐々に実現されていき，表中にあるように，キャンプ場や工房，ツリーハウスなどが設置されていった。ただし，この間も，経営に関しては，必ずしも順調であったとはいえず，そのことについては，次項で触れることにする。

図表５－11　貴一氏の活動

年	月	出来事
2014	1月	ボストンよりハーバード大学ビジネススクールの学生が蛤浜に来訪。蛤浜の再生プランを説明。
	4月	一般社団法人はまのね設立
	4月	蛤浜で日本ミツバチの養蜂を始める
	5月	蛤浜にキャンプ場開所
	7月	蛤浜バス停にツリーハウスが完成
	8月	蛤浜で結婚式を開催
2015	3月	元スタッフが登米市にカフェ「ル・ニ・リロンデール」をオープン
	4月	はまぐり堂に隣接した場所に，セレクトショップ高見を開業
2016	1月	ハーバード大学ビジネススクールの学生が蛤浜に来訪。(2回目)
	6月	元スタッフが東京都中野区に「宮城漁師酒場 魚谷屋」をオープン
2017	2月	石巻ビジネスコンテストで，一般社団法人はまのねが最優秀賞を受賞
	4月	蛤浜に海小屋が完成
2018	3月	蛤浜に木材加工工房が完成
2019	1月	店の呼称を「浜の暮らしのはまぐり堂」へ変更し，完全予約制での運用を開始
	1月	元スタッフが個人事業の屋号を「のんき」と命名し，石巻の地域資源を活用した事業を展開
	1月	貴一氏が宮城県漁業協同組合・石巻地区支所の準組合員となり漁業を開始
	4月	貴一氏が蛤浜の行政区長に就任する
	6月	はまぐり堂オンラインショップがスタート
	7月	元スタッフがゲストハウス「ACTIVE LIFE -YADO」をオープン
2020	4月	新型コロナウィルス感染症の拡大防止によりはまぐり堂を休業
	5月	元スタッフが石巻市内に惣菜店「SONO」をオープン

出所：筆者作成。

４．カフェ事業について

（1）カフェ開業後の経営状況

ここからは，はまぐり堂の経営状況に焦点を当て，創業から経営改善に取り組むに至った経緯を整理する。

図表５－12に，各年における来客数の推移を示した。2013年から2019年の７年間における最高来客数は，開業２年目にあたる2014年の14,783人となっている。2013年の開業後，各種メディアに取り上げられたことから来客数が急増し，以降2017年まで，13,000～14,000人の集客であった。しかし，2017年を契機に，来客数は減少していったのである。

次に図表５－13に示した各年ごとの売上高をみると，開業２年目の2014年が売上高のピークであり，2015年に減少，2016年には持ち直したものの，以降，逓減していった。こうした状況から，貴一氏は，2018年末の段階で，コンセプトの再設定を含めて，経営状況の改善に乗り出したのである。その際，石巻産業創造株式会社のスタッフでもある筆者が経営改善に関わることとなった。

なお，利益率については後述するが，2013年の初年度（初年度の営業期間は３月～12月までの10カ月間）以降，コンスタントに年間売上高1,000万円規模の経営を実現したことは，蛤浜という立地を踏まえても，十分に健闘したといえる。しかし，一方では課題も発生していた。夏のピーク時には満席状態が続き，入店を待つ顧客の長蛇の列が頻繁に発生するなど店舗のオペレーションは多忙

図表５－12　はまぐり堂の年間来客数推移

出所：売上帳簿より筆者作成。

図表５－13　はまぐり堂の年間売上推移

出所：決算書より筆者作成。

を極め，スタッフの健康管理も課題となっていった。一方，冬期は冷たい強風が吹き荒れる牡鹿半島の気候が影響し，この時期における来客数および売上の減少が目立っており，年間を通した売上高の平準化が課題となっていた。

また，カフェの営業と並行してさまざまなイベントを開催していたことから，それらを目的とした来訪者も急増している。これにより交流人口の増加という大きな成果を得たものの，それまで域外からの来訪者が少ない小規模な漁村に多くの人が訪れることで，当初想定していなかったトラブルが発生した。騒音問題をはじめ，駐車車両が集落内にあふれることにより地元漁業者の業務に支障をきたすなど，弊害が表出したのである。当然ながらこのような事態は思い描いていた未来図とは乖離しており，経営面に加えて，住民との関係性やスタッフのワークライフバランスなどについて見直す必要性が高まった。このことから，状況を改善するべく，実情に合った適正規模の経営の在り方について，検討をスタートさせたのである。

（2）事業改善のプロセス

2018 年末にビジネスモデルの転換を決意した背景に，12 月に起きた一部のスタッフの入れ替わりがある。それを契機に，法人としての方向性やスタッフのワークライフバランスなどを含めた事業改善を行うことにしたのである。

まず，はまぐり堂が顧客へ提供すべき本質的な価値を言語化する作業に取り組んだ。開業後，いわば震災復旧フェーズともいえる状況下にあり，2018 年まで事業は全力疾走状態であった。走りながら事業を展開していったものの，現場のスタッフは提供すべき価値を改めて言語化する必要性を感じていた。

この作業は予想以上に難航したが，事業設計の核となる極めて重要な要素であったため，約 1 カ月間かけて検討し，提供すべき価値を「浜のオージャス」と定めた。「オージャス」とはインドの伝承医学アーユルヴェーダの用語で「生命エネルギー」を意味しており，はまぐり堂で食事をすることで，このエネルギーを高めるサポートをしたいという意図を込めた。

次に，この価値を届けるターゲット層の絞り込みも行い，事業全体の流れを可視化した事業概要図を作成した。概要図を作成するなかで，物販を強化することが打ち出され，新たにカステラの製造販売を開始することになる。また，オンラインショップの開設に取り組むことも，この段階で登場したアイデアである。来訪者には，その後もオンラインショップを通して蛤浜との関係性を維持してもらい，再び訪問してもらうことを企図しての発案であった。また，人の循環に加えて，お金の循環を効果的に設計できたことも成果であり，条件不利地だからこそ生まれたオンラインを利用した構想は，2020 年に発生した新型コロナウィルス感染症の際，最も機能することになった。

これらのプロセスを経て事業の方向性を明確にしたところで，思い切った業務改善項目を打ち出した。それは，1）ランチを完全予約制とすること，2）営業日を週 5 日営業から土・日・月の週 3 日営業とすること，3）メニューを 1 種類（「浜の昼ごはん（お飲み物・お茶うけ付き）」1,980 円）に固定すること，4）インターネットによる物販を強化することである。

最も大きな改善点は，それまで予約なしで受け入れてきたランチ営業を，完

図表5－14　はまぐり堂の事業概要図

全体を一体的にとらえておく

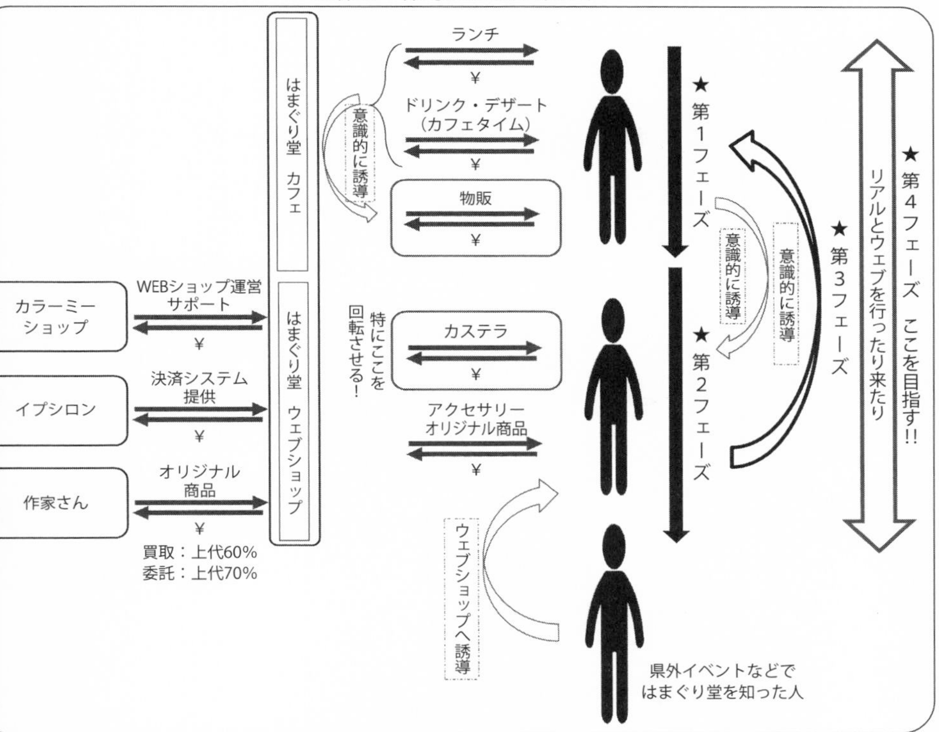

・「飲食でファン作り」→「物販で利益を得る」　の流れを意識!!
・リアル（カフェ）とWEB（ウェブショップ）双方を持つことは強みとなる。これを徹底的に活かしつくす!!
→カフェからウェブショップへの誘導，ウェブショップからカフェへの流れを作り，お客様が自然に回遊できる仕掛けを随所に具体的に作る。

料提供：はまぐり堂。

全予約制としたことであった。これにより，わざわざ蛤浜まで来てくれた来訪者が，満席で入店できないといったリスクを回避することが可能となり，また，店舗運営側においても，食材ロスの減少や丁寧な対応，オペレーションの効率化が期待できた。

さらに，週末に来客が集中していた実態を踏まえ，営業日を土日および月曜日の週3日のみとし，予約は3つの時間帯（①11時から，②12時から，③13時から）に区切ったうえで，時間帯ごとの受け入れ数の上限は4組までと設定した。

他方，2019年1月より，貴一氏は宮城県漁業協同組合・石巻地区支所の準組合員となり，蛤浜での漁業を生業の1つに加えた。幼少期から思い描いていた漁師になる夢が実現したのである。これにより，目前の湾で採れた魚介類を直接メニューへ反映させることが可能となった。これを活かして，その時に獲れた新鮮な食材を用いた，日替わりの「浜の昼ごはん」を提供することにし，メニューはこの1種類のみとした。これにより，スタッフ2名による運営面においても無理が生じなくなり，モチベーションの向上につながっていった。また，このような時間配分の最適化を行ったことにより，インターネットでの物販システムを構築する余裕が生まれた。

このタイミングで店の呼称も「café はまぐり堂」から「浜の暮らしのはまぐり堂」へと変更し，2019年1月より完全予約制でのランチ提供を，同年6月よりオンラインショップの運用をスタートさせた。以上が業務改善の全体像である。

図表5－15　浜の昼ごはんの一例

写真提供：亀山理子氏。

（3）完全予約制によるランチ営業実施後の経営状況

完全予約制の運用を開始するにあたり，さまざまなトラブルが起こることを想定していたものの，限られた人数でゆったりとした時間を過ごしてもらうことが可能となったため，結果的には顧客満足度の向上につながっていった。このことはスタッフの精神面にも好影響を与え，さらには来訪者もこの変更を好意的にとらえていたことから，スタッフと来訪者が自然と交流できる雰囲気が醸成され，食事を終えて会計するタイミングで，次の予約をするケースが増えていった。

また，単位時間あたりの来客数が一定になったため，前述したような，騒音などで地域に迷惑をかけることもなくなり，住民との関係性も良好になっていった。

次に，少し踏み込んで，経営面における考察を進めたい。図表5－16に，客単価の推移を示した。

客単価を見ると2013年～2018年までは一貫して1,200円前後を推移していたが，完全予約制への移行によって上昇している。2019年の客単価は1,611円

図表5－16　はまぐり堂の客単価推移

出所：決算書および売上帳簿より筆者作成。

である。2019年の来客数は図表5 − 12で示したとおり，開業以降で最も少ない人数となっているが，経営面の改善は実現したといえる。その詳細について，利益状況を確認しておきたい。

図表5 − 17に，一般社団法人はまのねの決算資料をもとに，設立から2019年度までの営業利益率を示した。なお，経理については，当初は貴一氏の個人事業として，2014年4月の一般社団法人はまのね設立後は法人事業として決算を行っている。法人では，カフェ経営のほかにも，物販やマリンアクティビティの提供など，さまざまな事業を実施している。そのため，図表で示された数値には，カフェ事業以外の収益も含まれている。

図表を確認すると，法人設立から2018年度までは利益率がマイナスであったことがわかる。一方で，年間売上高はおおむね右肩下がりの傾向で推移していたなか，営業利益率は2016年度以降，右肩上がりの傾向であった。すなわち，この期間に一貫して経営改善に取り組んだのである。しかし，利益率を上げるには，抜本的な何らかの改善が必要となるため，前項で述べた取り組みが実施

図表5 − 17　（一社）はまのね営業利益率推移

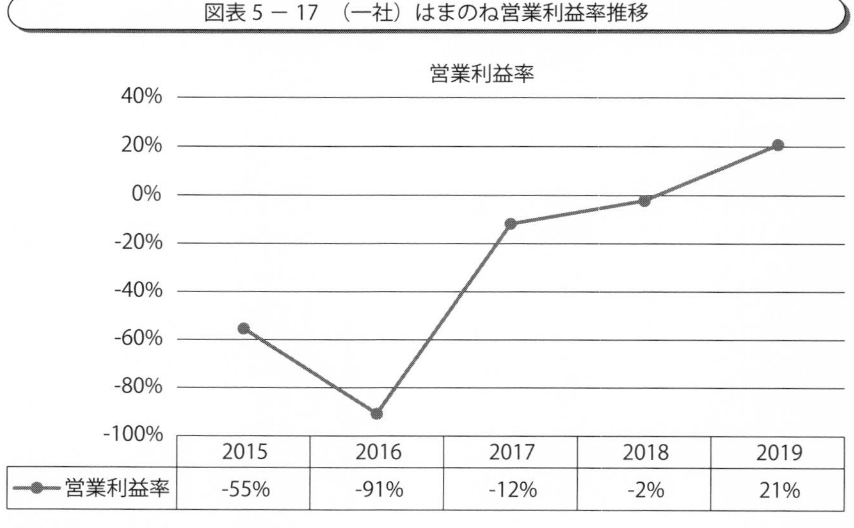

	2015	2016	2017	2018	2019
営業利益率	-55%	-91%	-12%	-2%	21%

出所：決算書より筆者作成。

されたのであった。その効果は，早速2019年度の数字に表れ，法人設立以降で初めての黒字を達成した。なお，決算内容においては売上に補助金や助成金などが含まれる年度もあり，純粋な経営力を判断するにはさらに詳細な分析が必要となるが，経年での傾向を確認するには十分な内容だといえる。創業から数年は，利益率に関わらず，一心不乱に事業を展開する姿をみせることで被災地を牽引することにも重要な意味があったが，時間の経過とともに，持続可能なビジネスモデルを構想する必要を感じ，さまざまな制約を知恵と行動で乗り越え，そして周囲の助けを借りながら，収益性を高めてきたのである。

5．おわりに

本章では，被災地石巻市蛤浜において，地域の再生計画を自ら構想し，年月をかけて実行してきた，はまぐり堂の事例を検証した。構想の段階では，この事業の実現性を疑問視する声が多かったなか，復興から10年を迎える現在において，今も精力的に活動を展開している。はまぐり堂の経営は紆余曲折の連続であったが，それでも事業を継続するなかでさまざまな成果を挙げてきた。これは，事業を継続すること自体に大きな意味があることを示す事実ともいえる。

震災復興や条件不利地での事業展開においては，当該エリアにおける事業の適正規模を正確に見極める必要がある。そのためには地域住民とのコミュニケーションが不可欠であり，この点をおろそかにしてしまうと各所で軋轢が生まれ，事業の継続は難しくなる。その試行錯誤の実態を，本章では明らかにすることができた。

しかし，黒字経営を達成した喜びもつかの間，2020年には世界的に流行した新型コロナウィルス感染症の影響により，はまぐり堂は同年４月より営業を休止した。休店直後はそれまで手薄になっていたインターネットでの物販を強化し，しばらく順調な売り上げを見せていたものの，徐々に鈍化傾向にある。これにより事業モデルの再設計が必要となり，本章執筆時点においても試行錯誤が続いている。これまでにもさまざまなトラブルと対峙しながら事業を継続してきた経験を活かし，この危機をチャンスに変え，新たな道が開かれることを期待したいところである。

はまぐり堂の事例は各種メディアで取り上げられてきたが，経営面の実態に触れた検証は，本稿が初の試みであった。本稿の執筆に理解を示し，多大なる協力をいただいた亀山貴一氏をはじめ，関係する皆様に深く感謝を申し上げる。

参考文献

石巻市史編さん委員会（1988）『石巻の歴史　第三巻　民族・生活編』石巻市。
今村雄紀（2014）「東日本大震災を契機とした漁村集落の空間的変容に関する研究―宮城県石巻市牡鹿半島蛤浜を事例として―」。
風見正三・山口浩平（2009）『コミュニティビジネス入門―地域市民の社会的事業』学芸出版社。
亀山貴一（2016）「蛤浜プロジェクト」『日本海水学会誌』pp.245-251。
亀山貴一（2020）『豊かな浜の暮らしを未来へつなぐ―蛤浜再生プロジェクト―』一般社団法人 Granny Rideto。
山崎繭加・竹内弘高（2016）『ハーバードはなぜ日本の東北で学ぶのか―世界トップのビジネススクールが伝えたいビジネスの本質―』ダイヤモンド社。

第6章

公民連携手法による中心市街地の再生
―女川町における民間組織の動向に着目して―

1．はじめに

本章では，東日本大震災で甚大な被害を受けた，宮城県女川町の女川駅（JR東日本・石巻線）周辺の中心市街地の再生プロセスについて述べる。

東日本大震災では，地域経済を支える商店・商店街も甚大な被害を受けた。商店・商店街の再生は経済活動の再興の面から重要視され，事業者の収入の確保の必要性から，各地で定期市やプレハブ等による仮設商店街が形成されて経済活動の段階的な再開が図られてきた。

その後，仮設店舗等による営業の再開と並行して，地域内の主要な駅や幹線道路に隣接する本設の商店街が各地の復興まちづくりの計画に位置付けられていった。その再生のあり方については被災した事業者を含めた検討がなされ，計画の策定，用地の確保，着工というプロセスを踏まえて整備が進められていった。

一方で，震災以前から被災地域の多くは他の地方部と同様に中心市街地の衰退が指摘されており，復旧・復興過程において，課題に対する新たなまちづくりのデザインが求められた。中心市街地の再生について昨今では，「公民連携」や「エリアマネジメント」をキーワードとして，エリア単位での経営方策が模索されている。特に，前者に関する組織間連携の視点からは，関係性の構築・深化（対等性・平等性の確保，社会課題の共通認識や目的・ビジョンの共有性など）やその過程が重要視されており（佐々木，2009），本章では女川町の中心市街地の再生事例からその要点を実証的に明らかにする。

本章では，まず女川駅を中心とした市街地の現況と，東日本大震災による被害を含めた同町の概要を確認する。そののち，とりわけ民間組織の動向に着目し中心市街地の再生事業のプロセスを見ていく。次いで，現在の事業スキームを示した上で，最後に女川町の事例から見出された公民連携事業における要点を提示する。

なお，本章は既存資料のほか，女川みらい創造株式会社・代表取締役社長および女川町公民連携室職員２名へのインタビュー結果により構成している。

２．女川町の市街地の概要

図表６－１は女川駅（写真中央上部の白い屋根の建造物）を中心とした市街地の様子である。女川駅から太平洋に向かって南東側（写真下部方向）に，プロムナード（歩行者専用道路）であるレンガみちが形成され，その両脇に小売店や飲食店等の商店が立地している。このテナント型の商業施設は「シーパルピア

図表６－１　女川駅を中心とした市街地の様子

写真提供：女川町。

女川」と名付けられており，2015年12月にオープンした。

図表6－2にシーパルピア女川のマップを示す。商業施設には，青果・食料品店，レストラン，居酒屋，カフェ，ラーメン店等の飲食店，スポーツ用品店，ダイビングショップ，楽器制作・修理店など多種多様な30店舗・事業所が入居している（2021年1月末現在）。シーパルピア女川は仙台市泉区にあるショッピングセンター「泉パークタウン タピオ」と姉妹施設協定を結び，相互の情

図表6－2　シーパルピア女川とその周辺のマップ

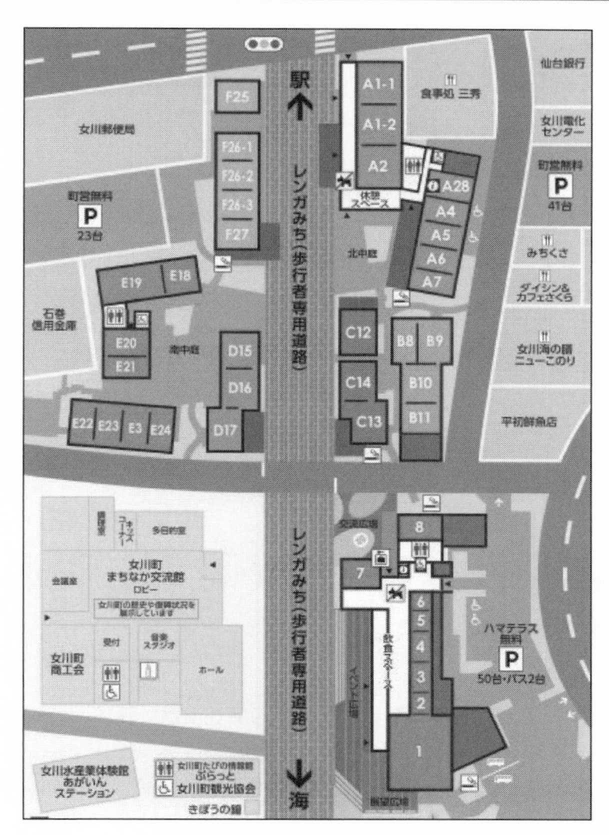

出所：シーパルピア女川 OFFICIAL GUIDEMAP より引用。

図表６－３　地元市場ハマテラス

出所：筆者撮影。

図表６－４　まちなか交流館

出所：筆者撮影。

報発信や定期的な交流活動等を実施している。

加えて，図表６－２の右下に位置する観光物産施設「地元市場ハマテラス」（図表６－３）では，鮮魚や水産加工品などが販売されており，飲食スペースも設けられている。こちらの施設には水産系の飲食店・販売店を中心に７店舗が入居している（2021年１月末現在）。

また，商業施設の周囲には，銀行，郵便局，飲食店等のほか，公共施設である「まちなか交流館」（図表６－４），女川町観光協会事務所，水産業体験館「あがいんステーション」や，これらの施設の利用者用駐車場が複数整備されており，地元住民と町外からの来訪者の導線を集約する構想のもと全体の設計がなされている。

なお，本事例は，景観等が高く評価されており，グッドデザイン賞（2018年度），都市景観大賞（国土交通大臣賞，2018年度），土木学会デザイン賞（最優秀賞，2019年度）を受賞している。

加えて，女川駅を中心とした市街地では誘客や交流を目的として花火大会やファッションショー等，多様なイベントが盛んに実施され，町内外の交流を創出する場として機能している（図表６－５）。

図表６－５　市街地でのイベントの様子

写真提供：女川町。

3．女川町の概要

続いて女川町の概要を示す。女川町は太平洋に面し，周囲を石巻市に囲まれた地域である。世界三大漁場の1つともされる三陸・金華山沖に近接しており，漁業と水産加工業を中心として発展してきた町である。

図表６－６　宮城県における女川町の位置関係

出所：筆者作成。

東日本大震災による女川町の被害は以下のとおり甚大であった。まず，人的被害は2011年3月11日時点での総人口10,014名に対して，死者574名，死亡認定者[1)]253名であった。次いで住家被害は，全壊が2,924棟，大規模半壊・半壊・一部損壊が1,010棟であり，町内の家屋の89.2％が震災による被害を受けた。

これらの被害は県内最大と記録されている最大遡上高34.7mの津波の影響によるところが大きく，当時，浸水域に暮らす住民が推定87.7％であったとされ，この割合も県内の市町では最大である（女川町，2015）。

震災当時の女川町では6つの商店会（寿町通り，マリンパル通り，本通り，海岸通り，駅前通り，中通り）に所属する商店街があったが，いずれも津波により全壊した（女川町，2015）。

また，震災以後の人口減少も著しく，2015年度国勢調査の確定値は6,333人であり，2010年度調査と比較して3,717人の減少であった（37.0％減）。これは福島県楢葉町に次いで全国第2位の減少率となっており（女川町，2020），その復旧・復興過程では急激な人口減少に適応する新たなまちづくりの方策が各方面で求められている。

4．市街地の再生に向けた公民連携の歩み

本項では，市街地の再生に向けて復旧・復興過程で立ち上がった民間組織の動向を中心として，公部門（町行政）との関係性に着目し時系列でそのプロセスを追っていく。事業に係る年表を図表6－7に示す。

（1）女川町復興連絡協議会（FRK）の設立

先述のとおり同町は震災によって壊滅的な被害を受けたが，町の西側に位置する浦宿地域は津波による直接的な被害を免れた。震災直後，被害状況の情報収集や遺体捜索などと並行して，浦宿地域を拠点とする町内の若手事業者や商工会職員などのキーマンらが避難所の焚き火に集まっており，井戸端会議的に

図表6－7　中心市街地の再生事業に係る年表

年	月	出来事
2011	4	女川町復興連絡協議会（FRK）　設立
2012	1	FRKから町と議会に対して提言書を提出
	6	女川町まちづくりワーキンググループ　設置
	7	復興まちづくりブートキャンプ　開催（関係者が参加）
	9	復幸まちづくり女川合同会社　設立
2013	6	中心市街地商業エリア復興協議会　設立
	9	復興まちづくりデザイン会議　発足
2014	4	「公民連携による商業エリア復興基本方針」 制定
	4	女川町産業振興課内に公民連携室を設置
	6	女川みらい創造株式会社　設立
	12	まちなか再生計画が事業認可（第一号）
2015	3	新女川駅　再開
	12	シーパルピア女川・女川町まちなか交流館　オープン
2016	12	地元市場ハマテラス　オープン
2020	2	震災遺構「女川交番」 公開

出所：女川町提供資料をもとに筆者作成。

町内の情報がその場で共有されてきたという。その中で，以後の復興まちづくりにつながるアイデアや展望についても話し合われ，それらを具体化していくための動きとして，初動期に重要な役割を果たした女川町復興連絡協議会（通称：FRK，以下「FRK」とする）が設立されることとなった。

FRKは，復興まちづくりに産業界として取り組んでいくため，2011年4月19日に設立された。その背景には，「当時行政が不明者捜索や避難所運営等の対応で目いっぱい」だったことがあり，「『行政のサポートを待っていたら経済人の我々は死んでしまう，自力で立ち上がらなくてはならない』という趣旨で設立された」（須田，2015：p.78）。発起人である商工会長がFRKの会長となり，商工会事務局がとりまとめを行う形で魚市場買受人組合，観光協会，水産加工組合などの産業団体が名前を連ねた。とりわけ商工会については，震災直前の時点でほぼすべての地元企業が加入しており，全町挙げての産業団体として認識されていたという。FRK はそのメンバーの顔ぶれから，「経済的復興」を重視していた点が特徴である。会合は，希望者が自由に参加できるオープンな場として設けられ，行政職員や議員も参加できる仕組みとした。

商業の再開については，FRK の構成団体であった商工会の青年部が中心となり，2011 年 5 月に，当時の女川高校のグラウンドで「おながわ復幸市」を開催した。さらに仮設商店街については，2011 年 7 月に「女川コンテナ村商店街」が，2012 年 4 月には「きぼうのかね商店街」がそれぞれオープンした。

また，FRK の複数のメンバーが復興計画の策定委員を務めていたこともあり，FRK から順次なされた提案（中心部は一体的な区画整理事業とすること，中心部を防潮堤で囲わないことなど）は，2011 年 9 月に策定された「女川町復興計画」の骨子に反映されていった。

FRK は「まちづくり創造」「水産関係」「商業関連」「サービス関連」「建設工業」の 5 つの委員会で構成された。これらの委員会ごとの協議と，すべての委員会が一堂に会する全体会での協議を重ね，その結果は FRK 独自の復興計画のグランドデザインとしてとりまとめられ，2012 年 1 月に町と町議会に対する提言がなされた。その基本コンセプトは，「『住み残る』，『住み戻る』，『住み来たる』まち」というものであり，震災による著しい人口減少に対する施策が想定されていた。

FRK の活動は上記の提言によって一旦の区切りを迎え，復興まちづくりへの住民参加の仕組みは，行政主導で 2012 年 6 月に設置された「女川町まちづくりワーキンググループ」へ引き継がれた。

以後，FRK のメンバーが中心となり 2012 年 9 月に立ち上げた民間会社が「復幸まちづくり女川合同会社」である。

（2）復幸まちづくり女川合同会社の取り組み

復幸まちづくり女川合同会社は，後述する勉強会「復興まちづくりブートキャンプ」へ参加した 6 名が出資して設立した民間会社である。町内で製造される水産加工品の共通ブランド化（ブランド名「あがいんおながわ」）や，中心市街地に立地する「女川水産業体験館 あがいんステーション」での水産業体験プログラムの提供などを事業としている。また，2013年7月から2016年3月まで，宮城県が所管していた「みやぎ復興応援隊」事業[2)]の受託団体として隊員を複数名雇用し，先述の共通ブランド化・水産業体験プログラムづくりをはじめとした産業再生の足掛けとなる事業を実施してきた。

同社の設立の契機となったのが，一般社団法人公民連携事業機構が主催し，2012年7月から開催された「復興まちづくりブートキャンプ」であった。公民連携事業（PPP・PFI）や地方部のエリアマネジメントの先行事例として参照される岩手県紫波町の複合施設「オガールプロジェクト」（詳細は後述）を題材に，被災地で新たな会社を興し事業を始める者を対象とした合宿形式の勉強会であった。被災地を対象としたこの勉強会には10地域（遠野市，大槌町，大船渡市，陸前高田市，気仙沼市，南三陸町，女川町，釜石市，山田町，郡山市）が参加した。女川町からは，中心市街地再生の具体的な計画の検討のため，民間事業者やNPOと合わせ，彼らが声がけし，行政職員や町長も勉強会に参加する形式をとった。FRKのメンバーが行政側の参加を取り付けた背景には，復興まちづくりで整備する中心市街地の構想について，「公共動線を集約させる考え方が同じ」（「女川　復幸の教科書」編集委員会，2019：p.25）だったことがあった。

勉強会の初回から，講師によって事業推進における課題が提示され，行政と民間事業者がともに検討して勉強会に臨み，事業のブラッシュアップを進めていった。また，講師からの課題に対するアクションの1つとして，復幸まちづくり女川合同会社が急遽設立された。域内消費を高めるため，地域資源である水産を活用した産業の創出を目的として同社は設立され，以後，事業展開がなされていく。

「復興まちづくりブートキャンプ」は2014年まで合計3回開催された。

（3）オガールプロジェクトについて

ここで，上記の勉強会の題材となり，以後の女川町の市街地再生の参考事例ともなった「オガールプロジェクト」の概要に触れておきたい。

図表6－8　オガールプロジェクト（岩手県紫波町）

出所：筆者撮影。

オガールプロジェクトは，2017年4月に岩手県中央部の紫波町にオープンした，複合施設を中心とした一連のプロジェクトである。JR東北本線で盛岡駅から約20分を要する紫波中央駅前の広さ10.7haの土地に，町立図書館，産直市場，テナント店舗等で構成されるオガールプラザ・オガールセンターのほか，紫波町庁舎，保育園，宿泊施設，屋内型多目的スポーツ施設，サッカーグラウンド，分譲住宅地等が配置されている。元々は1998年に町が購入し遊休化していた町有地の有効活用を目的として始動したプロジェクトであり，将来にわたって持続可能な運営を実現することに重きが置かれてプロジェクト全体が構想され，具体化されていった。

「持続可能な運営の実現」という命題に対して取り組んだ中心的な事柄が「土地・建物の所有と，利用・経営の機能の分離」である。現在，我が国の地方部では，いわゆる「シャッター通り」に代表される中心市街地の衰退化が叫ばれて久しく，そこには複合的な要因が影響している。代表的なものとしてはモータリゼーションの進展に伴う複合商業施設の郊外化・大型化が挙げられる。その対策の1つとして，「土地・建物の所有と，利用・経営の機能の分離」によって流動的な利用を促す方策が，旧来型の商業集積地の再興・活性化には求められている。

オガールプロジェクトで採用されたのも，まさに「土地・建物の所有と，利用・経営の分離」を念頭に置いた，公民連携によるエリアマネジメントの手法であった。具体的には，町有地の利用に関して行政と民間のまちづくり会社が定期借地契約を結び，その土地にまちづくり会社が建物を建設するというものである。さらに建物や関連施設からなるハード面の整備後，そのうち図書館等の公共施設部分を町に売却し，まちづくり会社はテナントからの家賃収入と合わせて長期的に投資分を回収するという事業モデルである。また，この手法の特徴として，入居するテナントを確定したのちに建物の規模や建設費用を算出し，必要額について資金調達を行っている。オガールプロジェクトの場合は，上記のスキームに加えて，第３セクターによる出資，市中銀行と政府系財団法人の融資等により資金調達を行っており（猪谷，2016），これは「補助金に頼らない事業モデル」としても注目を集めている。

また，オガールプロジェクトでは，その構想段階から施設が有する集客力も見込まれていた。オガールプロジェクトの中心的な施設の１つである図書館に関しては，「紫波町図書館基本計画」において「まちの賑わい拠点」としての機能に言及がなされている（紫波町教育委員会，2009）。

女川町の関係者にとっては，商業を中心とした，中長期視点での「持続可能なまちの運営」を検討していく上で，すでにそれを体現している重要なモデルケースとして，このオガールプロジェクトの存在があった。女川町では復興まちづくりブートキャンプへの参加後，2013 年５月から行政職員・町議会議員によるオガールプロジェクトへの視察を複数回実施し，得られた知見を女川町の施策へ反映させていった。

（４）行政による会議等の運営支援

復幸まちづくり女川合同会社の設立後の行政の動きとして，2013 年６月に商業・サービス事業者，商工会等の地域関係団体，行政機関で構成される「中心市街地商業エリア復興協議会」の組織化があった。

中心市街地の運営を担う母体として当初は，「中心市街地における市街地の整備改善及び商業等の活性化の一体的推進に関する法律（略称：中心市街地活性化法）」に定められたTMO（Town Management Organization：まちづくり機関）を設立する構想があった。TMOを設置することで各種機関から支援（運営資金をも含む）を受けられることが利点としてあったが，同町に支援に入っていた専門機関からの助言や，復興まちづくりのハード面の進捗との足並みを揃える必要性が関係者間で共有されたことから，TMOの設立は棚上げとされ，具体的な手法について別途協議を進めていく母体として，「中心市街地商業エリア復興協議会」が行政主導で立ち上げられた。

そこでの議論は中心市街地の整備を「誰が主体となって進めていくのかという点に集約された」（辻・黒田，2019：p.16）。しかし，既存の産業団体（商工会や買受人組合）も行政もマンパワー的にその主体となることは困難であり，商工会のメンバーによって「まちづくり会社」の新設が構想された（辻・黒田，2019）。

一方，中心市街地の景観を含めた復興まちづくりのハード面の整備については，2013年9月に行政主導で「復興まちづくりデザイン会議」が発足し，計画とデザインの両面から検討を進めていった。建築家，都市計画プランナー，景観まちづくりを専門とする研究者，町長の4名を委員としつつ，他の専門家や企業，女川町役場の関係課も適宜参加し，加えて地域住民のみならず関心のある者もオブザーバーとして参加・発言可能な形式をとっていた。本会議では「高台検討部会」「シンボル空間検討部会」「かわまちづくり検討部会」の3部会を設置し，中心市街地およびその周辺に配置される住宅地を含めた総合的なデザインを検討する機能を担った。

（5）女川みらい創造株式会社の設立

まちづくり会社として中心市街地事業の主体となる「女川みらい創造株式会社」の設立に先立ち，2014年4月に女川町によって制定された「公民連携による商業エリア復興基本方針」では，そこまでの関係者との検討を踏まえて，「6　事業実施主体の確立」の項目において，「民間主導の公民連携」と「まちづくり会社」による運営が明確に示された（女川町，2014）。

6　事業実施主体の確立 未曾有の大震災を経験した今，行政にはこの災害からの復興の道筋を示すことが求められていますが，地域が危機に瀕している状況下では，早急かつ柔軟に行動する民間の力も求められています。このような状況で民間が事業活動を行うためには，行政との連携が必要であり，行政に代わって民間が行政の協力を得ながら，新しい公共としての「まちづくり会社」を動かしていくことが必要不可欠となっています。 中心市街地のまちづくりを担うまちづくり会社は，地域密着型の公益性と企業性を併せ持ち，地域密着型のディベロッパーとして，ハード，ソフトの両面から中心市街地の再生に取組むことが期待されます。将来を見据えた地域のまちづくりを念頭に商業施設・集客施設の整備と運営管理，併せて商業エリアのマネジメント等を担うまちづくり会社を地域関係者との出資により設立して，計画を推進するものとします。

（注）下線部は筆者による。
出所：女川町（2014）より引用。

加えて，同基本方針においてはFRKによって2012年1月になされた提言の基本的なコンセプトである「『住み残る』，『住み戻る』，『住み来たる』まち」という表現が，「1　目的」の項目にそのまま引用されている。この点からも民間発意の構想を活かすという，行政側のスタンスを読み取ることができよう。

1　目的 本町では，女川町復興計画及び女川町中心部・土地利用計画に基づき，住宅地は安全な高台に整備し，一方で公共施設，商業施設，観光施設等は，まちの中心部に集約的に整備し，幹線交通軸により地区連携を図り，コン

パクトな市街地の形成を目指しています。この基本方針は，商業エリアの本格復興に向けて，町有地を活用した公民連携手法による公共空間等の整備や民間施設立地を推進することにより，漁村と都市が共生した新たな賑わい空間を創出し，すべての人が希望を持ち，安心して暮らせるまちとして，「住み残る」，「住み戻る」，「住み来たる」まちの実現を目指そうとするものです。

（注）下線部は筆者による。
出所：女川町（2014）より引用。

また，同じく2014年4月には，女川町産業振興課内に「公民連携室」が新設された。「役場内の横断的な調整や県・国など関係機関との協議，関連法規の運用解釈など，民間が活動しやすい環境を整え」（イノベーション東北，2017）る部署として，上記の基本方針を実現する実働部隊が設置された。なお，同室は2020年4月からは総務課下へと配置が変更された。

先述の中心市街地商業エリア復興協議会での議論を踏まえ，また，オガールプロジェクトの事業スキームを参考として，中心市街地のエリアマネジメントを担う組織として2014年6月に設立されたのが，「女川みらい創造株式会社」である。具体的には中心市街地のテナント型商業施設の管理運営を行う。初代社長には女川町観光協会会長が就任した。

事業実施に係る資金については，中心市街地商業エリア復興協議会を母体として申請した，経済産業省が所管する「津波・原子力災害被災地域雇用創出企業立地補助金（商業施設等復興整備補助事業）」による助成を受けている。この申請に際しては，2014年12月に「女川町まちなか再生計画」が内閣総理大臣の認定を受けた。これは国の認定第一号であった[3)]。

なお，「民間主導」の「公民連携」という文言については，以後，2016年に制定された「女川町まち・ひと・しごと創生総合戦略」，2019年に制定された「総合計画」にも項目として盛り込まれており，以後，女川町のまちづくりの中軸の1つとなっている。

（6）事業スキームと事業内容

図表６－９に事業スキームを示す。女川みらい創造株式会社がテナント型商業施設を核とした中心市街地の管理運営を担う。事業スキームの構築にあたってはオガールプロジェクトを参考に，テナントの募集を先行して行い，その家賃額を合計して建物の規模や建設費用を算出した。また，土地の所有者である町と定期借地契約を結び，建物をテナントに貸し出す形式としている。

テナントの募集にあたり，事務局では家賃額にかかる事業者との調整が必要となった。その理由として，震災以前は住居兼店舗としているケースが多く，毎月一定の家賃を支払ってもらうことに理解を得る必要があった。また，被災した事業者の支援という事業の性格からも，事業者が支払い可能な家賃の許容額を踏まえつつ，最終的には15年の事業期間で融資分を返済できる家賃設定とした。

女川みらい創造株式会社の資本金は1,000万円であるが，商工会からの260万円に次いで，行政の出資額は240万円となっている。このことは「行政は事業のコントロールには直接的には関与しない」という考えのもと，他の出資者の金額を踏まえた上で筆頭株主とならない割合に留められた結果である。ここにも「民間主導」の考えが一貫している。一方で，資本金の一部を公金で賄うことは銀行の融資を取り付けやすくするという戦略もその背景にあったという。

同社は2021年２月時点では４名の社員で運営している。具体的な事業としては，施設の保守・管理，入居者の募集，イベントの運営等を行っている。また，同社は「道路協力団体」として指定されており，商業施設の間を貫くレンガみち（公道）の有効活用を推進する組織としても重要な役割を担っている。

また町内の団体との事業面での連携では，町内に拠点を置くNPO法人アスヘノキボウが実施する，「創業本気プログラム」修了者による商店街内の店舗への出店がある。「創業本気プログラム」は，2016年から実施している創業支援プログラムであり，創業経験者からのレクチャーや自身のビジネスモデルのブラッシュアップを行い，地方での起業を目指す取り組みである。2021年１

図表6－9　テナント型商店街の開発・事業スキーム

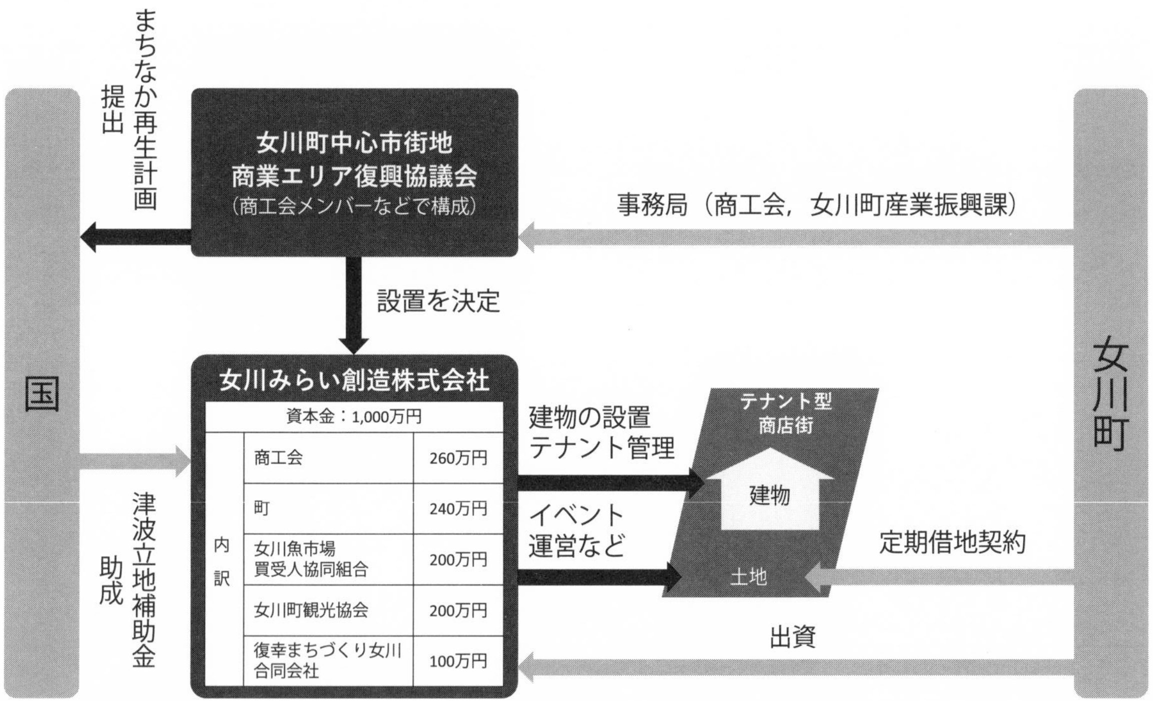

国

女川町

女川町中心市街地
商業エリア復興協議会
（商工会メンバーなどで構成）

まちなか再生計画
提出

事務局（商工会，女川町産業振興課）

設置を決定

女川みらい創造株式会社

資本金：1,000万円		
内訳	商工会	260万円
	町	240万円
	女川魚市場 買受人協同組合	200万円
	女川町観光協会	200万円
	復幸まちづくり女川 合同会社	100万円

津波立地補助金
助成

建物の設置
テナント管理

イベント
運営など

テナント型
商店街

建物

土地

定期借地契約

出資

出所：守山（2015）をもとに一部改変。

月末時点で，商店街内の店舗のうちの9軒が上記のプログラムの修了者である。

（7）中心市街地を核とした新たな会議体・団体の形成

商業施設に関連して，新たに設立された会議体や団体による活動も生まれている。商業施設の入居者で組織する「テナント会」や，商業施設および周辺の関係者によって構成される「女川レンガみち交流連携協議会」がそれにあたるが，とりわけ特徴的なものとして，「産業区」が挙げられる。これはいわゆる自治会・町内会（同町では「行政区」と呼称される）であり，本来は行政によって区割りされた地域ごとに，居住する住民によって組織される。だが，当該地区においては商業者等による自治活動の基盤として，特例的に140の事業者によって「産業区」が組織された。他の行政区と同様に町報の配布，避難訓練，清掃活動などの相互扶助のための団体として活動している。

2020年5月には，第二期女川町復興連絡協議会（通称：FRK2）が発足し，震災から10年が経過した2021年5月には「女川未来ビジョン2021」が策定された。本ビジョンでは2019年に策定された女川町の総合計画で示された将来像を踏まえつつ，産業界を中心とした民間の立場から6つの提言がなされているが，「公民連携まちづくり」の体制が前提にあることが示されている（第二期女川町復興連絡協議会，2021）。

5．おわりに

本章では，女川町における中心市街地の再生について，そのプロセスを確認してきた。特にFRK，復幸まちづくり女川合同会社，女川みらい創造株式会社を中心に，以後の行政計画にも文言として盛り込まれている「民間主導の公民連携」が展開されてきたが，本章の最後にその要点を以下2点にまとめたい。

1点目は，民間組織と行政の役割分担である。具体的には，FRKを発端とした「経済的復興」を重視する民間組織の動向に対して，制度や環境の面で行政がサポートしていく形がとられた。行政側の動きを例に挙げれば，計画の策定（「公民連携による商業エリア復興基本方針」や「まちなか再生計画」），「公民連携室」の新設，女川みらい創造株式会社への出資などである。

そしてその背景には，この一連のプロセスの発端となったFRKと行政との関係性がある。FRKの核を担った商工会の震災前からの町内での位置付け，FRKメンバーの複数名が町の復興計画の策定委員も務めていたこと，また，町議会議員との懇談会を重ねていたこともありFRKは行政に対する影響力を持っており（黒田・辻，2019），行政においては看過できない対等な関係性を有していたといえよう。上記の関係性から，行政は実際の経済活動を担う民間組織の動向を重視しつつサポートを行うことで，そのことが結果的に「民間主導の公民連携」という文言として表されてきた。

2点目は，民間組織と行政の共通認識の形成と，そのプロセスの重要性である。中心市街地の再生およびまちづくり会社による商業施設の運営の構想は「復興まちづくりブートキャンプ」への参加が大きな契機となったことが確認できたが，勉強会への行政の参加を取り付けた要素として「公共動線の集約」があった。民間が重視していた「事業の持続性の確保」と，行政が重視していた「機能の集約とにぎわい創出」の双方が，参考としたオガールプロジェクトでは具現化されており，この事例を介したビジョン・目的の共有化が，手法としての公民連携を実現する要諦であったといえよう。以後，合宿形式の勉強会への参加やオガールプロジェクトの視察など，民間組織と行政および議会関係者との共通体験によって，共通認識の形成や関係性の構築・深化が徐々に進められていくこととなった。

ここまで見てきたように，女川町の事例においては，「経済的復興」を目指す過程において，そのビジョンを実現するために，時間をかけ段階を踏まえながら民間組織と行政が連携体制を構築していった。事業実施の最善の型として，手法としての「公民連携」がとられたといえる。

一方で，課題を抱える他の地域において女川町の事例を参考とする際に，「公民連携」という言葉を鵜呑みにし，単に手法のみを取り入れるということにならないよう注意を促す必要がある。本事例から見出されたように，共通の目標やビジョンを関係者で共有することと，そこに至るまでのプロセスを含めて関係者間で対話を重ねながら最適解を生成していく取り組みが重要となる。

最後に，本章の執筆にあたり資料提供や取材にて多大なるご協力をいただいた，女川みらい創造株式会社・代表取締役社長の阿部喜英氏，女川町総務課公民連携室・室長の青山貴博氏，主幹の土井英貴氏に深く感謝申し上げる。

【注】

1）震災により行方不明となり死亡届が受理された方を指す。

2）2012年12月に創設された総務省「復興支援員」制度を活用し，宮城県が実施していた事業である。NPO団体や企業等が雇用する形で被災した各地に人員を配置し，地域の実情に合わせた復興支援活動に従事してもらう制度である。

3）2021年1月現在では，女川町のほか，山田町，石巻市，南三陸町，陸前高田市，大船渡市，いわき市，名取市，釜石市，気仙沼市の計10自治体が認定を受けている。

参考文献

猪谷千香（2016）『町の未来をこの手でつくる―紫波町オガールプロジェクト』幻冬舎。

イノベーション東北（2017）「自治体の対応―宮城県女川町」『未来への学び』https://miraimanabi.withgoogle.com/municipality/interview-detail-40002.html（2021年1月5日最終アクセス）

女川町（2014）『公民連携による商業エリア復興基本方針』https://town.onagawa.miyagi.jp/pdf/20140509_eria_seiteibun.pdf（2021年1月5日最終アクセス）

女川町（2015）『女川町東日本大震災復興記録誌』。

女川町（2016）『女川町まちなか再生計画』。

女川町（2020）「人口」『令和2年度女川町統計書』。

「女川　復幸の教科書」編集委員会（2019）『女川　復幸の教科書―復興8年の記録と女川の過去・現在・未来』プレスアート。

黒田由彦・辻岳史（2019）「女川町の復興と原発―原発と地域社会」吉野英岐・加藤眞義編『震災復興と展望―持続可能な地域社会をめざして』有斐閣，pp.212-248。

佐々木利廣（2009）「組織間コラボレーションの可能性」『組織間コラボレーション―協働が社会的価値を生み出す』ナカニシヤ出版，pp.1-17。

紫波町教育委員会（2009）『紫波町図書館基本構想・基本計画』http://lib.town.shiwa.iwate.jp/download/pdf/20120831_SHIWA_Library_Design_MasterPlan.pdf（2021年1月31日最終アクセス）

須田善明（2015）「地方創生政策の現場から」『日本不動産学会誌』Vol.29，No.2，

pp.73-79。
第二期女川町復興連絡協議会（2021）『女川未来ビジョン 2021』。
辻岳史・黒田由彦（2019）「女川町の災害過程／復興過程」『文部省科学研究費補助金研究成果報告書：大規模災害からの復興の地域的最適解に関する総合的研究（代表：浦野正樹，研究課題／領域番号：19H00613)』。
守山久子（2015）『「町有地＋テナント店舗」をまちづくり会社が運営，女川町』https://project.nikkeibp.co.jp/atclppp/15/434167/072600005/?P=1（2021 年 1 月 4 日最終アクセス）

第7章

東日本大震災における内陸部の状況とコミュニティ拠点の再整備
―宮城県美里町を事例として―

1．はじめに

東日本大震災の発生から約10年の過程において，沿岸部における復旧・復興の様子は数多く取り上げられてきた。一方，沿岸部に隣接する内陸部でも，沿岸自治体からの避難者の受け入れに始まり，被災沿岸部への支援における中継地となる拠点が複数設置されるなど，震災復興過程において重要な役割を果たしてきた。

本章では，内陸部の自治体として，宮城県美里町の事例を紹介する。宮城県美里町は，図表7－1に示したように，宮城県の北東部に位置し，美里町を囲む形で，大崎市・石巻市・東松島市・涌谷町・松島町が隣接する内陸部の自治体である。そのうち，石巻市・東松島市・松島町が沿岸部に位置する。美里町の面積は，74.99km^{2}であり，人口は24,231人（2020年10月1日時点）である。美里町中心部にあるJR小牛田駅は，JR東北本線とJR陸羽東線，およびJR石巻線が交差しており，利便性が高く，また，自動車道をみても，町域の東西に国道108号線が，南北に国道346号線が通っており交通の要衝とみなされている。こうした立地条件が背景にあって，美里町への避難や移住を行った被災沿岸部の住民は多く，震災直後より，町は避難者の受け入れを行い，被災沿岸部を支援するための拠点を提供してきたのである。

図表７－１　宮城県美里町の位置図および隣接自治体の位置図

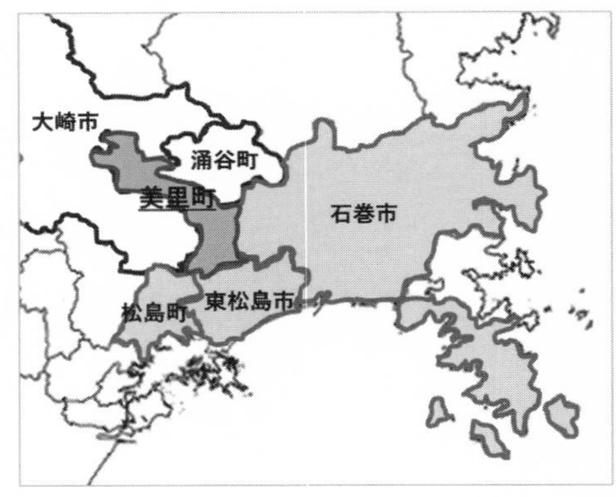

出所：筆者作成。

本章では，東日本大震災時における美里町の動向を紹介したうえで，復興従事者の宿泊拠点となった施設の紹介および施設の再整備の状況について説明する。なお，美里町は，2006年１月に，小牛田町と南郷町が合併して新たに誕生した町であり，ここで紹介する拠点施設は，旧南郷町に設置された「美里町交流の森・交流館」，愛称，でんえん土田畑村（どたばたむら）である。この施設は，旧南郷町が1994年に設置したもので，復興過程において，沿岸部への支援者や土木作業員の宿泊場所となってきたのであり，東日本大震災から約８年が経過した段階で，施設の長寿命化が図られることになった。長寿命化に際し，指定管理者制度を活用した民間活力の導入，および施設の再整備において，「産学官連携」による検討プロセスが導入されており，その経緯について検証する。

２．宮城県美里町における東日本大震災後の動向

（1）被害状況と沿岸部への支援

東日本大震災の発生時，県内の内陸部に位置する美里町においても最大震度

6強を観測し，家屋をはじめとする建物の損壊，ライフラインへの被害がみられていた。住宅への被害をみると，住家半壊以上の被害を受けた世帯は902世帯であり，これは町全世帯の10.9%となる。そのため，合計25カ所（最大避難者数2,516人）の避難所が開設された。そして，町内2カ所に計64戸の応急仮設住宅が設置され，その後，町内3地区に計40戸の災害公営住宅が建設された。

美里町における沿岸部への支援状況をみると，主なものとして，2011年4月に，東松島市からの避難者を，コミュニティからの孤立に対する配慮から，集落単位で受け入れたのを皮切りに，同年6月には，南三陸町への給水支援を行い，また同月より，東松島市・気仙沼市・石巻市に保健師を派遣し，被災者宅や応急仮設住宅での健康支援を実施したことが確認される。また，同年12月には，石巻市に本社を置く企業4社の被災した工場や事務所の受け入れを行った。加えて，美里町社会福祉協議会では，震災直後に女川町の災害ボランティアセンター（女川町社会福祉協議会）への職員派遣を行い，復興支援活動を展開してきた。

（2）町内における分譲宅地の動向

震災後，JR小牛田駅の東側に開発された宅地分譲地に，被災沿岸自治体からの移住の動きも一部確認された。この宅地分譲地は，2006年に分譲が開始された住宅団地「ゆとりーと小牛田」である。1999年に旧小牛田町が，小牛田駅東部土地区画整理事業として開発に着手し，2006年4月に分譲を開始したものの，2008年に発生した，いわゆるリーマンショックの影響などもあり多くが売れ残っていたため，2011年の段階まで継続的に区画販売が行われていた。

このような中，美里町では，持家を取得しての居住や空き家の活用に対して各種補助事業を実施しており，「定住促進事業」における2015年度から2019年度の事業実績によれば，この分譲宅地において217件の支援制度の活用があった。そのうち152件は，美里町外からの転入であり，うち137件が，宮城県内17自治体からの転入である。内訳は，仙台市20件・多賀城市1件・石巻市 17 件・東松島市 7 件・気仙沼市 2 件・大崎市 47 件・登米市 7 件・栗原市 4 件・名取市 2 件・塩竈市 1 件・涌谷町 19 件・南三陸町 2 件・大和町 3 件・富谷市 1 件・大衡村 1 件・松島町 1 件・利府町 2 件となっている。津波の被害を受けた美里町の隣接自治体からは，25 件の転入が確認された。なお，この全 473 区画は，2019 年に完売となった。こうした宅地分譲の状況からも，復興過程における内陸部の動向を把握しておく必要がある。

3．美里町交流の森・交流館（愛称，でんえん土田畑村）

ここでは，美里町の公共施設である「交流の森・交流館（愛称，でんえん土田畑村）」の利用状況を検証し，震災以降の役割を検討する。なお，同施設は，ある程度の復興支援の役割を果たした後に，長寿命化が決定されたのであり，その際，大学が関わって，長寿命化計画における空間の利用方法など，ソフト運営面での検討を実施した。その検討状況についても紹介する。

（1）でんえん土田畑村について

美里町交流の森・交流館（通称，でんえん土田畑村）は，6 棟のログハウスで構成された公設民営の宿泊施設である。施設への入口となるメイン棟には，受

図表 7－2 「美里町交流の森・交流館」入口外観

出所：筆者撮影。

図表 7－3 施設配置図（開設当時のスケッチ）

出所：交流の森・交流館 関係資料。

付のほか，会議室や食堂が配置されている。その他の５棟は宿泊に対応した設備となっており，自炊用のキッチンが設置されているほか，談話スペース，浴室，寝室で構成されている。定員８名のログハウスが２棟，定員 10 名・16 名・19 名のログハウスが各１棟敷地内に配置されており，５棟合わせて最大 61 名までの宿泊が可能である。用途や人数規模に応じて，各棟特色のある造りとなっている。

震災後，でんえん土田畑村は，沿岸部の復興事業者らの要請により，主に土木関係の会社によって，長期間にわたって借り上げられ，作業員の拠点として活用された。

図表７－４に，2003 年度から 2019 年度における利用状況を示した。震災以前は，年間 2,000 人から 4,000 人弱の範囲での宿泊利用があり，グラフには示していないが夏季（8 月）の利用率が最も高い。家族連れ，職場仲間，スポーツ団体が主要な利用者層であり，土日や長期休暇を中心に利用されてきた。施設の運営は，1994 年８月の開設から 2019 年３月までは，地域住民が中心とな

図表７－４　交流の森・交流館の宿泊利用状況の変化（2003 年度～ 2019 年度）

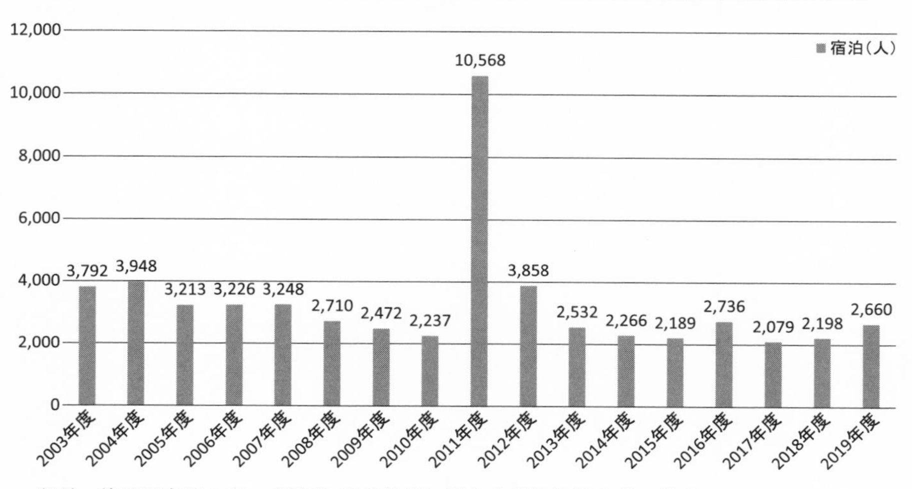

出所：美里町交流の森・交流館 利用状況に関する報告資料を基に作成。

って設立された第三セクターに担われており，地域ぐるみでの運営であった。また，地域住民による日常的な利用もあり，会合や会食を伴う懇親の場としても利用されるなど地域コミュニティの拠点ともなってきた。なお，グラフから，2011年の宿泊者数が突出していることがわかり，これが震災時の災害支援の拠点としての利用である。とくに2011年度の利用が突出していたことが明らかであった。翌2012年度も復興拠点としての利用が継続されたものの，2011年度ほどではなかった。なお，2019年4月に，指定管理者の変更が行われ，ウェブサイトやパンフレット等広報面の改善・強化がなされ，観光拠点としての再整備が進められることになった。

（2）美里町交流の森・交流館の設置経緯

美里町交流の森・交流館は，合併前となる旧南郷町において取り組まれた「リーディング・プロジェクト」を基盤に計画・設置されている。「リーディング・プロジェクト」とは，自治省（現総務省）が推進した施策であり，地域づくりにおける自治体の創意・工夫を促す地域振興プロジェクトの総称であり，旧南郷町もこの指定を受けて，1990年9月に『「活き生き田園ランド21」推進計画書』として計画がまとめられ，事業が展開されていった。計画書には，「誰もが安心して住める住環境づくりはもちろんのこと，幼児から高齢者及び心身障害者を含むすべての町民が，青空の下に行う開放的な健康づくりや生きがいづくり，町内外の世代間の交流を通じて，全国に誇れる「活き生き」とした長寿社会の創造を目標とする」ことが掲げられ，そこに，美里町交流の森・交流館の設置が盛り込まれたのである。保健・医療・福祉・交流をキーワードに策定された本計画は，第三次南郷町長期総合計画のメインプロジェクトとしても位置付けられ，役場庁舎を中心に，交流の森・交流館のほか，保育所・小中学校，福祉施設，医療センター，体育館といった公共施設が集約されて整備されていった。交流の森・交流館の役割としては，グリーンツーリズムの拠点として，地域住民と都市住民の「ふれあい」の場としての機能の充実が挙げられていた。

図表7－5　リーディング・プロジェクト時の配置計画イメージ図（交流の森・交流館周辺）

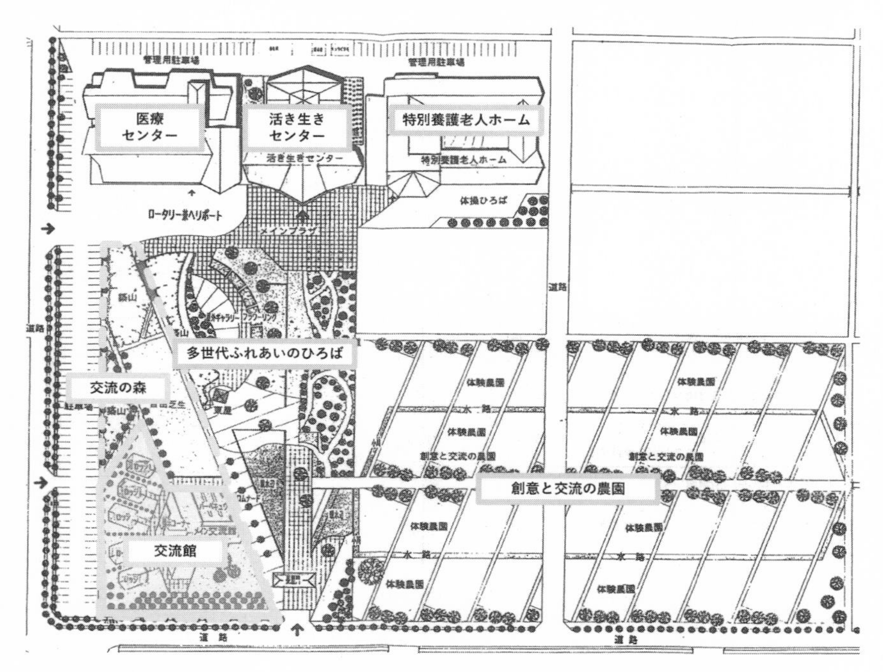

出所：『活き生き田園ランド南郷 21』推進計画書（1990）を基に作成，一部改編。

そして，1994 年 8 月，地域内外の交流の拠点となる宿泊施設として交流の森・交流館が開設された。当時の自治省の施策により，公共施設の管理運営については，地方公共団体と民間の出資によって設立する「第三セクター」が担うことが推進されていたことから，第三セクター「有限会社南郷ふれあい公社」が新設され，そこが管理・運営主体となった。

その後，東日本大震災の復興過程を経て，1994 年の開設から約 25 年が経過した 2019 年 3 月に，「美里町交流の森・交流館 長寿命化計画」が策定され，指定管理者の変更が行われたのである。なお，長寿命化計画であるが，これは国により進められているもので，高度成長期以降に集中的に整備が進められたインフラ機能の戦略的な維持管理・更新等を目指すための施策である。2013

年11月，国の方針として「インフラ長寿命化基本計画（基本計画）」が策定され，2014年4月に，自治体に対して，「インフラ長寿命化計画（行動計画）」と「個別施設毎の長寿命化計画（個別施設計画）」の策定が要請されたことによって，全国各地の自治体が取り組んでいるものである。

美里町では，行動計画として「美里町公共施設等管理総合計画」が2016年3月に策定された。対象とされたのは，町内の公共建築物108施設のほか，インフラ施設となる，道路520km，橋梁293橋，公園施設63カ所，上下水道施設（処理施設6施設・管路221km），公共下水道施設（処理施設3施設，管渠75km），農業集落排水施設（処理施設8施設，管渠93km）である。そのうちの1つに，美里町交流の森・交流館があり，長寿命化計画（個別施設計画）が2019年3月に策定された。

図表7－6に，交流の森・交流館の町の計画全体における位置づけを示しておく。

図表7－6　美里町における長寿命化計画の位置づけ

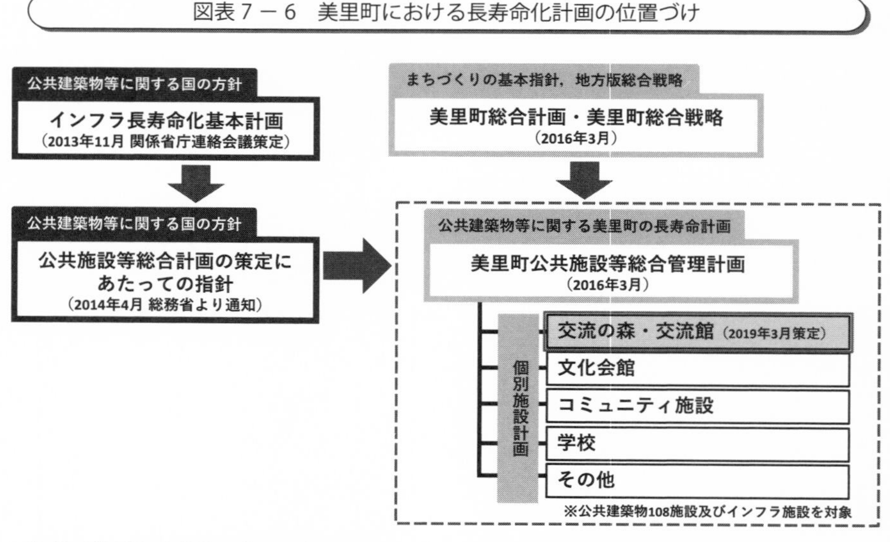

出所：美里町公共施設等総合管理計画（2016）・美里町交流の森・交流館長寿命化計画（2019）を基に作成。

4．長寿命化計画による公共施設の再整備

（1）地域連携による地域交流拠点としての検討

美里町交流の森・交流館の再整備計画として長寿命化計画の検討が開始された2018年に，宮城大学における講義フィールドとして同施設の長寿命化計画を題材とすることになった。宮城大学では地域連携型のPBL科目であるコミュニティ・プランナープログラムを展開しており，美里町と宮城大学は，2013年6月に連携協定（「公立大学法人宮城大学と宮城県美里町との連携協定に関する協定」）を締結していたことから，実現したものである。連携協定締結後，各種委員会等に教員が参画しており，特に，まちづくりへの助言を行う場面が増えていたことが背景にあった。

宮城大学では，東日本大震災後に，阪神・淡路大震災の被災地に立地する兵庫県立大学と共同で，復興過程における地域課題の解決ができる人材（コミュニティ・プランナー）の育成を目指し，「コミュニティ・プランナープログラム」を実施してきた。この科目は，「コミュニティ・プランナー概論及び演習（2年前期）」，「コミュニティ・プランナー実践論（2年後期）」，「コミュニティ・プランナー演習（3年前期）」から構成されているが，美里町で行われたのは，コミュニティ・プランナー実践論であり，2年生31名が，美里町交流の森・交流館の長寿命化計画立案に際し，主に，空間の利用方法など，建築物以外の面からの提言を行った。なお，「コミュニティ・プランナー実践論」の講義目的は，「地域コミュニティに関わる専門家とのフィールドワークや講義による事例把握，実体験を通じて，地域活性策を実行するプロセスへの理解を深め，より実践的な知識や技術の獲得と学びの深化を目指す」こととされている。

（2）学生たちによる議論のプロセス

「コミュニティ・プランナー実践論」における全15回の講義日程および提案内容は以下の通りである。ここで作成した提案書は，最終報告会において，町

図表７－７　講義における検討プロセス

平成 30（2018）年	9月26日	現代社会が抱える諸課題とは
	10月3日	コミュニティ・プランナーの役割とは
	10月10日	でんえん土田畑村について担当ゾーンごとに議論
	10月17日	自治体による実践報告
	10月24日	サイトビジット（美里町への現地調査）
	10月31日	アイディアの創出プロセス
	11月7日	アイディアの創出と議論
	11月14日	アイディアのまとめとブラッシュアップ
	11月21日	施設のネーミングとコンセプトの検討
	12月12日	施設コンセプトと事業性に関するプランニング
	12月19日	最終検討，提案に向けたまとめ
平成 31（2019）年	1月9日	最終報告会

※一部，集中講義含む
出所：宮城大学 CP プログラム報告資料・美里町でんえん土田畑村検討報告書（2018）を基に作成。

長に提出している。

図表７－７に講義内容を簡単に示した。自治体担当者によるレクチャー，現地でのフィールドワークを踏まえて，アイデアの検討・創出，提案というプロセスを経ている。「地域内の拠点としてさらに有効活用されるためのアイデア」をテーマに，主に，チーム内でのディスカッションおよび「アイデアスケッチ」（James Gibson ほか，2017）を用いたアイデアの創出を検討手法とした。１枚のワークシートに１つのアイデアのスケッチを書き出し，加えて，「Title：題名」「Problems：課題」「Vision：あるべき姿」「Where：どこ」「Target：対象」「What：何」の説明を記入し，思いついたアイデアを可視化していく。段階を経て，事業性の観点から，「Average customer spend：客単価」「Bases：（客単価設定に対する）根拠」の視点もアイデアスケッチに加えることで，各回の検討を深めていった。

次に，検討内容であるが，図表７－８に示した３エリアに分けて，ワークショップ形式によって意見を出し合い，計画書にまとめていった。エリアは，

図表７－８　検討エリアの位置

出所：宮城大学 CP プログラム報告資料・美里町でんえん土田畑村検討報告書（2018）を基に作成。

「ZONE　A：施設エリア」，「ZONE　B：ビオトープエリア」，「ZONE　C：広場エリア」の３つとした。施設エリアは，交流の森・交流館の建築物が立ち並ぶ場所である。ビオトープエリアは，交流の森・交流館に設置された公園部分であり，広場エリアは，交流の森・交流館の向かい側に位置する空き地である。ZONE　A は「子ども・親・地域がつながる交流の拠点づくり」，ZONE　B は「自然とふれあえる場づくり」，ZONE　C は「余白をたのしむ空間づくり」をテーマに議論および検討が進められた。

図表７－９が，ZONE　A における活用策の提言である。ユニバーサルデザインの視点の導入や wi-fi の整備をはじめとした居心地の良さに配慮した空間整備，地域と連携した体験型の企画による交流プログラムの実施，憩いの場やバーベキュースペースを確保することで宿泊者同士の交流を促す場づくりが挙げられた。

ZONE　B は図表７－10，ZONE　C は図表７－11 に示している。ZONE　B では，隣接する公園内の水辺の空間活用，外遊びに対応したレンタル物品の充実をはじめ，周辺住民が気軽に足を運び憩いとなる空間づくりが挙がった。

図表７－９　エリア別の利活用イメージ（ZONE A）

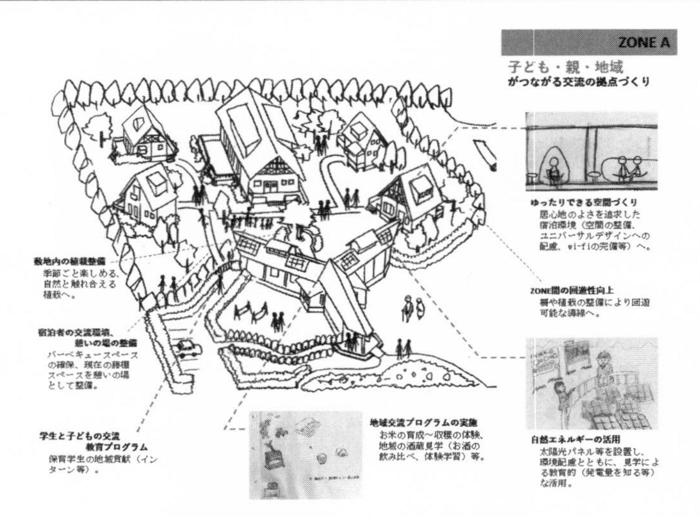

出所：美里町でんえん土田畑村検討報告書（2018）より抜粋。

図表７－10　エリア別の利活用イメージ（ZONE B）

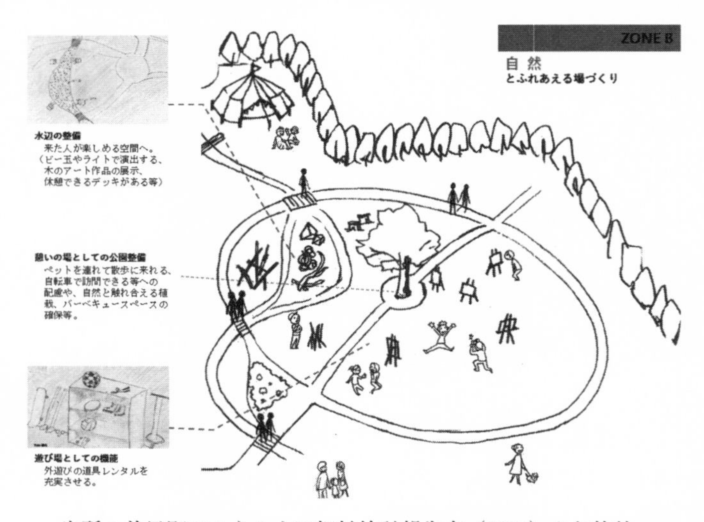

出所：美里町でんえん土田畑村検討報告書（2018）より抜粋。

図表7－11　エリア別の利活用イメージ（ZONE C）

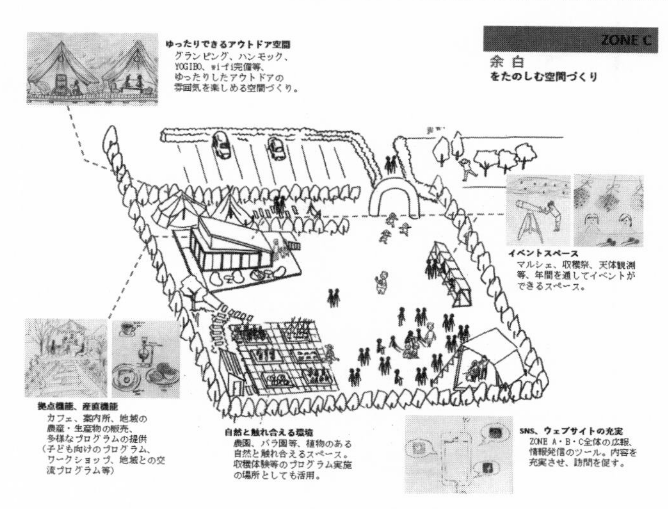

出所：美里町でんえん土田畑村検討報告書（2018）より抜粋。

ZONE Cは，マルシェ等ができるイベントスペースとしての活用，カフェや案内所，地域の農産・生産物を販売できる交流拠点としての機能を強化するアイデアが挙げられた。

（3）リニューアル後の展開

学生の提案後，長寿命化計画の策定，指定管理者の変更が行われ，一部リニューアルがなされた。2020年10月時点の施設の様子が，図表7－12および図表7－13である。

以前は食堂として利用されていたスペースがリニューアルに伴いカフェとしての機能が強化された。そのカフェの名称には，学生が提案したネーミング「misatoko」が採用されている。また，美里町内の食材や特産品を用いたメニューやオリジナル商品の開発，収穫体験をはじめとした地域の人材と連携したさまざまな体験型プログラムの実施等，学生のアイデアも多く運営に活用・実

図表７－12　学生提案後の交流の森・交流館の一部様子（2020 年 10 月時点）

出所：筆者撮影。

図表７－13　学生提案後の交流の森・交流館の景観整備による変化（2020年10月時点）

出所：筆者撮影。

装がなされていた。

施設のハード面では，修繕の一環で取り組まれるユニバーサルデザインとしての整備が進められるほか，ガーデン整備や藤棚の撤去，木の伐採等からスペースの確保を行い「自然と触れ合える環境」として景観が整備された。エントランスには，居心地の良い空間づくりの１つとして学生がスケッチを描いたイメージをもとにした椅子が配置されていた。これらのガーデンや景観整備等をはじめとする空間づくりは，施設の修繕および管理・運営費用とは別の形で，指定管理者である民間企業の協力によって整備が行われた。

リニューアルオープン後となる2019年8月24日，美里町交流の森・交流館を会場に「DoTaBaTaナイトマルシェ」が町民の手で企画・実施されている。空間を整備したことにより，宿泊需要以外の利用が目立ってきている。このマルシェイベントは，女性3名が発起人となり開催されたイベントであり，実行委員会が組織され，中間支援機能として，交流の森・交流館スタッフや行政が制度の面からイベントを支える形で実施された。

「マルシェ」は学生の提案でも挙げられていたが，図らずしも町民主体による地域内外の交流を促すイベントとして実現された。美里町交流の森・交流館長寿命化計画では，「人と地域とにぎわいによる観光・交流の推進拠点」を目指すべき姿として掲げている。震災復興過程による利用を経て，結果として，多様なセクターが本施設に関わることになり，地域内外の多様なステークホルダーがつながり，新たな関係性が育まれ，地域内外の人びとが集いつながる場として施設が再構築されているのである。

5．おわりに

本章では，まず美里町における東日本大震災の被害状況と沿岸部への復興支援の取り組み，分譲宅地に関する資料から，復興過程の動向を説明した。町内における家屋損壊やライフラインの復旧・復興と同時に，隣接する沿岸自治体をはじめとした地域への物的・人的支援，連携による復興支援活動が展開され，また，避難者の受け入れや復興事業者の拠点機能，復興・再生期には，隣接沿岸自治体からの転入の動き等，内陸部として果たした役割を確認することができた。

次に復興過程で活用された地域拠点である美里町交流の森・交流館を対象とし，災害後の経緯を踏まえて，施設の長寿命化という新たな課題とその後の活用の視点から，施設再生におけるプロセスの検証を試みた。

美里町交流の森・交流館長寿命化計画の策定プロセスにおけるアイデア検討について明らかになった，連携関係イメージを図表7－14に示す。計画の一

図表７－14　美里町交流の森・交流館 長寿命化計画にかかる連携関係図

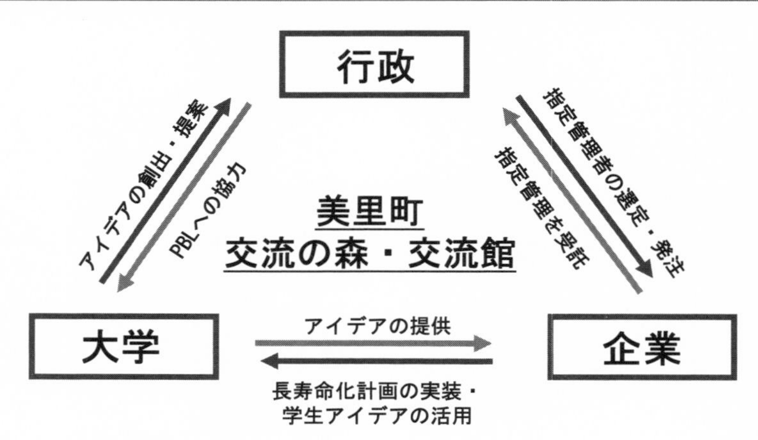

出所：筆者作成。

部分ではあるが，このスキームでの議論を通し学生がアイデアの提出，行政が計画策定，民間企業が実行の役割を担い，地域外の視点が導入される機会が創り出されたことが確認できた。

最後に，本章の執筆にあたり，御協力いただいた地域の皆さまに御礼申し上げたい。また，カフェ「misatoko」のネーミングの考案者である堺麻琴氏（当時，宮城大学事業構想学群４年）には調査に際して協力を得たことを記しておきたい。

参考文献・資料

饗庭伸（2012）「パートナーシップの個別要素と布陣」『地域協働の科学 まちの連携をマネジメントする』成文堂，pp.87-97。
James Gibson・小林茂・鈴木宣也・赤羽亨（2017）『アイデアスケッチ―アイデアを＜醸成＞するためのワークショップ実践ガイド』ビー・エヌ・エヌ新社。
美里町（2013）「3.11 東日本大震災の記録」。
美里町（2016）「美里町公共施設等総合管理計画」。
美里町（2016）「美里町総合計画・美里町総合戦略」。
美里町（2019）「美里町交流の森・交流館長寿命化計画」。
宮城大学コミュニティ・プランナー実践論（2018）「美里町でんえん土田畑村検討報

告書」。
宮城県南郷町・財団法人地方自治協会（1990）「リーディング・プロジェクト『活き生き田園ランド南郷 21』推進計画書」。
森裕之（2017）「公共施設の再編と住民参加」『政策科学』第 25 巻，第 1 号，pp.23-32。

参考 URL

美里町　http://www.town.misato.miyagi.jp/index.html（最終アクセス 2020 年 12 月 4 日）
美里町定住促進事業　http://www.town.misato.miyagi.jp/07kurashi/2015-0618-1305-47.html（最終アクセス 2021 年 3 月 1 日）

第8章

地産地消エネルギーのまちづくり
—登米市防災ハブ構想プロジェクトの事例—

1．はじめに

2011年3月11日に発生した東日本大震災による東京電力福島第一原子力発電所（以下，福島第一原発とする）の事故から，10年が経過した。残念ながら，今もなお29,307人（2020年12月時点）[1)]が，事故の影響により県外避難を余儀なくされており，風評被害も払拭しきれていないと言わざるを得ない。一方，福島第一原発事故と，2012年7月に再生可能エネルギーの固定価格買取制度（以下，FITとする）[2)]が導入されたことに伴い，太陽光，風力，水力，地熱，バイオマスなどの再生可能エネルギーに対する注目が高まり，再生可能エネルギーが全体の発電量に占める割合は，FIT制度の創設以降，10.4％（2011年度）から16.2％（2018年度）に増加している（資源エネルギー庁，2020）。しかしその半面，過度な投機目的による事業開発，再エネ賦課金増加に伴う国民負担，地域住民と発電事業者とのトラブルなどの問題も顕在化しつつある。

そこで，本章では，そのような諸問題を抱えるFIT制度を効果的に活用し「震災復興・地域貢献」を大義名分として掲げ誕生した「災害に強いまちづくり＝防災ハブ構想プロジェクト」（事業主体：株式会社パスポート，本社：川崎市）について取り上げる。防災ハブ構想プロジェクトとは，宮城県登米市に「電気を発電する会社」と「電気を供給する会社」を設立し，再生可能エネルギーを通して，エネルギーの地域内循環・地産地消を目指すプロジェクトである。筆者は，長年在籍していた，神戸に本部を構えるNPO法人の東北復興支援責任者として，震災直後の2011年3月から宮城県南三陸町に入り，災害ボランティアに従事する傍ら，本プロジェクトの一員として携わらせていただいた。本章では，その一端にはなるが，震災を契機に始動したプロジェクトの記録として，これまでのプロセスを紹介する。

2．地域の概要・特性・震災による被害について

本章で紹介するプロジェクトの舞台は宮城県登米市である。登米市は県の北部に位置する，77,032人[3]の人口を抱える地域である。東日本大震災で大きな被害を受けた沿岸部を有する南三陸町の西隣に位置し，震災からの復旧・復興過程では仮設住宅・災害公営住宅が建設されるなど，被災地に隣接する自治体として役割を担った。登米市でも震災による一定の被害が発生しており，死者28人（直接死19人，関連死9人），行方不明者4人，家屋については全壊201戸，大規模半壊441戸，半壊1,360戸，一部破損3,364戸となっている。加えて，佐藤（2020）で紹介されているプロジェクトをはじめ，被災地・被災者支援を目的としたプロジェクトも登米市において多数展開されてきた。また，後述するが，登米市の震災被害の特徴として，放射能汚染による汚染稲わらの問題が深刻であった（登米市，2014）。

3．本プロジェクトの背景

（1）筆者と登米市との関係性

筆者は，震災から10日後に宮城県南三陸町へボランティアに入った。震災直後の南三陸町は，津波による甚大な被害によって行政機能が麻痺し，避難所には津波で家を失った多くの住民が押し寄せ，自衛隊，消防，医療従事者等が一挙に公共施設に集まる大混乱の状況であった。また，1カ月間ほど停電状態が続いており，電気・水道・ガス・電話などの生活に不可欠な機器・設備の

多くが使えない状態でもあった。一方，震災から1週間後に電気が復旧した隣の登米市では，建物の倒壊被害等が多数ありながらも，沿岸部の被災者のために公民館等を開放し，避難者の受け入れや，全国から応援で駆け付けた警察官等の臨時宿泊施設所として利用してもらうなど沿岸部の支援活動にあたっていた。筆者自身も，南三陸町で継続的なボランティア活動を実施するためには，事務局機能を果たす事務所の確保が欠かせなかった。そのため社会福祉法人登米市社会福祉協議会にお願いし，空き施設をお借りして事務所を確保しボランティア活動に従事した。電気が復旧した登米市から南三陸町へ毎日通い，災害ボランティア活動の陣頭指揮を執りながら，目まぐるしく変化する被災地の支援ニーズを把握しつつ，NPO 法人本部と連絡を取り合い支援活動に従事していた。そのようななか，2012 年 7 月より FIT 制度が開始することを受けて，筆者が所属していた NPO 法人と，震災以前からのご縁のあった，再生可能エネルギー事業を展開する株式会社パスポートとが協働し，被災地での新しい産業による復興と雇用創出を目標に，本プロジェクトが誕生することになったのである。ちなみに，南三陸町に対しても同様の提案を行ったが，太陽光発電事業に必要な広大な面積の確保が難しいことと，震災復興事業を最優先とする状況であったため，断念せざるを得ない経緯があったことも補足しておく。

（2）登米市が直面した「汚染稲わら問題」

ここで，登米市における汚染稲わらに関する状況について整理しておきたい。福島第一原発の事故により，福島県および宮城県・岩手県の三陸沿岸部も含めて，多くの地域が被害を受けた。原発事故の収束の目途がつかない中，事故処理に関する不備，新たな問題等が報道されるたびに，「本当に安全なのか」という地域住民の疑念が沸き起こり，風評被害の拡大と共に，農業経営や農家の暮らしへの影響は広がっていった。そのような中，宮城県登米市では，稲わらや原木しいたけ等から，基準値を超える放射能が検出され，大きな問題になった。

農林水産省の試算によると，2011 年 11 月時点の汚染稲わら全体の保管量が，全国 8 道県で 7,200 トンである。そのうち岩手県 580 トン，宮城県 4,700 トン，

図表８－１　宮城県内における福島第一原発事故による農業面への影響　年表

年	月	出来事
2011年	3月	東日本大震災発生
2011年	5月	一部地域の牧草から暫定許容量を超えるセシウムを確認
2011年	7月	国より県内全域の肉牛出荷制限指示（翌８月，一部制限の解除）
2012年	1月	国より県内21市町村の「原木シイタケ（露地栽培）」の出荷制限指示
2012年	4月	食品衛生法の改正。新たな基準値の施行に伴い，国より「たけのこ」「山菜」「平成24年産牧草」等の出荷制限指示
2013年	3月	国より平成25年産米の出荷制限指示

出所：宮城県農業協同組合中央会より引用。

福島県1,200トンで，3県だけで6,480トンと全体の9割を占めている。宮城県登米市では，宮城県内の約半分，全国8道県全体の約32%にあたる，2,300トンの汚染稲わらを保有していた。ちなみに，国の方針では，放射性セシウムが暫定基準値の1キログラム当たり300ベクレルを超えた稲わらは，肉用牛や乳用牛のえさに使用できない。また，8,000ベクレル以下の場合，市町村が一般廃棄物として焼却か埋め立てができる。また，元の水田に牧草や稲わらを敷き，反転耕を行い土中に埋め込んで腐敗させる「すき込み」という方法も可能だが，8,000ベクレルを超えると最終処分方法が決まるまで，一時的な隔離保管が必要になる[4)]。各県は市町村と協力して対応方法を検討したが，汚染稲わらによる採草地の耕作放棄地化や，一時保管場所の選定，および周辺住民への対応が求められた。また焼却においては，灰の後処理や周辺地域の住民感情への配慮が必要であり，すき込みにおいても，汚染されたものを水田に戻すことへの心理的抵抗への対応を必要とした。そのため，汚染稲わらの処理問題は，解決方法を巡っての地域間の対立や，農業の廃業を検討する農家の発生等，甚大な被害・影響を及ぼしていった。「汚染稲わら全体の約3割」という膨大な量を抱えることになった登米市は，当然のことながら，これらの対応に膨大な時間と労力をかけざるを得ない状況となったのである。

(3)「電気を発電する会社」と「電気を供給する会社」を地域内で設立

将来，再び巨大地震や津波が発生した場合，沿岸自治体に隣接する登米市という内陸部は避難先として重要な役割を担うだろうとの観点から，再生可能エネルギーによる防災ハブ構想プロジェクトが立ち上がったわけだが，このプロジェクトには大きく2つの事業がある。1つは「電気を発電する会社」であり，2つめは「電気を供給する会社」である。

まず，「電気を発電する会社」については，「地域貢献をするためには，その地域に発電会社を設立すべき」という，事業主体である株式会社パスポートの経営理念から，「合同会社とめ自然エネルギー」という発電事業会社を登米市に設立した。FIT 制度は，20 年間の固定価格買取制度であるため，長期にわたる地元との信頼関係の構築が欠かせない。そのため，単に発電会社を登米市に設立するだけでなく，地元に信頼される発電事業者になることを目的として，大きく以下4つの取り組みを行った。1つ目には，地域課題の解決に共感する参画者（原則，登米市に住民票を持つ市民限定）から1口 300 万円の保証金を募り共同経営の形を取ったことである。2つ目には，当時，太陽光発電の初期投資は高額であったため，太陽光パネル等の部材を共同購入することによるコストダウンへの取り組みである。3つ目には，事業に必要な資金を，大手都市銀行が主幹事となり，地元の金融機関も参画できるシンジケート（企業連合）を組み，総額約 17 億円の融資を集めたことである。4つ目には，発電容量 50kw 未満の低圧発電所のすべてに非常用コンセントを設置し，地域の自主防災組織が非常時に電気を使用できる設備を備えたことである（のちに登米市と災害時応援協定を締結)。しかし，人口約8万人弱の登米市にて実施するのは，関東から進出してきた企業の事業であり，また，親会社の本社は場所も離れているため，当然，地域住民の不安は簡単にはぬぐえない。そこでまず，汚染稲わら問題も重なって活用方法が決まっていない広大な市有地（登米市東和町）にメガソーラー（発電容量 2,400kw）を設置する覚書を登米市と締結した。その後，市内各所にある耕作放棄地に，低圧（50kw 未満）太陽光発電所を設置するための住民説明会を，数回にわたり開催した。説明会の周知は新聞折込で登米市内の全戸に配

図表８－２　登米市に設置したメガソーラーの地図

出所：筆者作成。

図表８－３　登米市東和町に完成したメガソーラー

出所：筆者撮影。

布した。市民の関心は非常に高く，総勢約150名の市民に集まっていただいた。その応募者の中から，日射量・地目等の諸条件に合う土地を所有し，かつ本プロジェクトの趣旨に賛同する地権者の方々と，何度も丁寧な打ち合わせを重ねていった結果，37カ所と契約を締結し低圧発電所の建設を進めることができた。

当時，筆者が痛感したことは，打ち合わせのために都会から地方へ足を運ぶだけでは，信頼関係を構築することは難しいということだった。筆者は，震災以降，長期にわたる復興支援が必要になるとの思いから，登米市に住民票を移していた。関西出身であるため言葉遣いも異なるが，同じ市民という帰属意識を共有していたことは，地域住民から信頼を得る上で重要であったと考えている。

なお，太陽光発電所の建設工事の多くは，地元企業に工事を発注しており，売電収入，投資，地元工事，税収面で，以下のような地域経済に貢献していることを付記しておきたい。総事業費17.4億円のうち，低圧発電所37基はすべて地元工事会社へ発注した。また，売電収入は20年間の総額が約45.4億円，同じく20年間の地代合計が約2.4億円（草刈委託料含む）であり，これに法人税などの税金も加わることにより，地域経済面に大きな貢献ができたといえるだろう。また，今回設置した太陽光発電システムが発電する総発電容量6,000kwは，家庭1世帯当たりの消費電力量で試算すると，登米市内の約1,115世帯分の電気が，地域内で賄える試算になる。化石燃料に頼らざるを得

図表８－４　登米市に設置した50kw未満の低圧発電所の地図

出所：筆者作成。

図表８－５　登米市に設置した50kw未満の低圧発電所

出所：筆者撮影。

図表８－６　住民説明会の様子

出所：筆者撮影。

ない，我が国のエネルギー事情から鑑みても，地域内で電気を調達できることは非常に意義があることだといえよう。

続いて，「電気を供給する会社」については，太陽光で発電した電気を地元で消費する，まさに「エネルギーの地産地消まちづくり」を目指し，2016年4月1日から始まった電力の自由化[5)]を受けて，2016年9月に「株式会社登米電力」を設立した（後に地元企業4社が出資）。まずは，市内で発電可能なエネルギー供給量の可能性を探るため，前年の2015年に，経済産業省による実行可能性調査の補助事業を株式会社パスポートが受託し，登米市役所および市内各分野の代表者と検討委員会を発足した。調査の結果，事業の実行可能性があ

図表８－７　災害時応援協定締結式の様子

（注）登米市長・布施孝尚氏（当時，写真左）と株式会社パスポート・
　　　代表取締役濵田総一郎氏（写真右）。
出所：筆者撮影。

図表８－８　協働で結集した合同会社（LLC）によるビジネススキーム

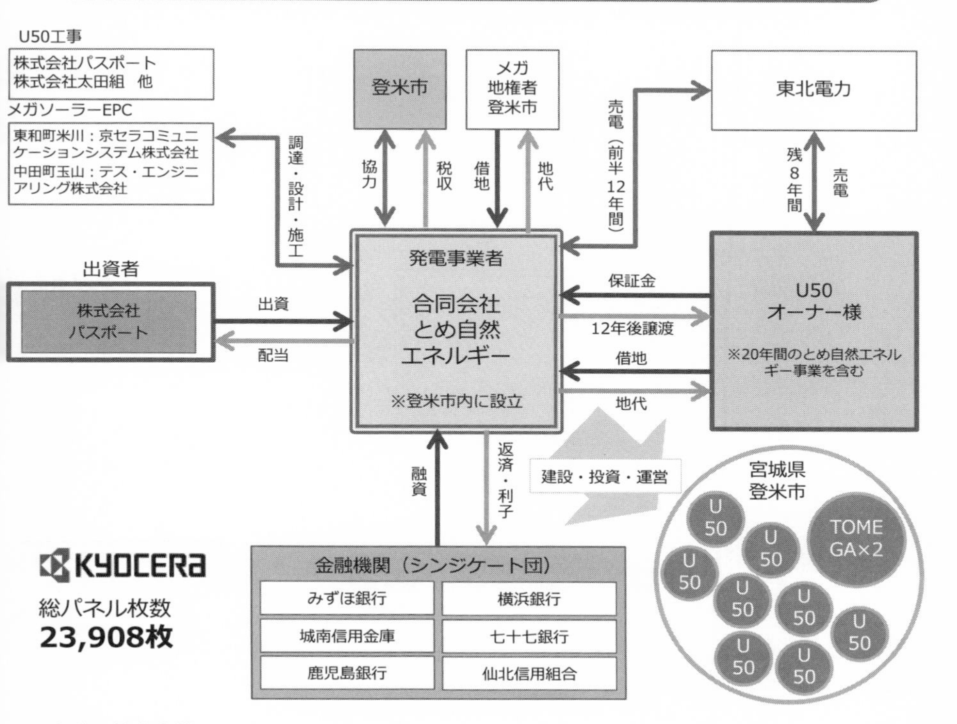

出所：株式会社パスポート。

図表８－９　検討委員会の様子（会場　登米市役所）

出所：筆者撮影。

図表８－10　株式会社登米電力 Web サイト

出所：株式会社登米電力 Web サイトより引用。

図表８－11　地元企業３社との共同出資による株式会社登米電力スキーム

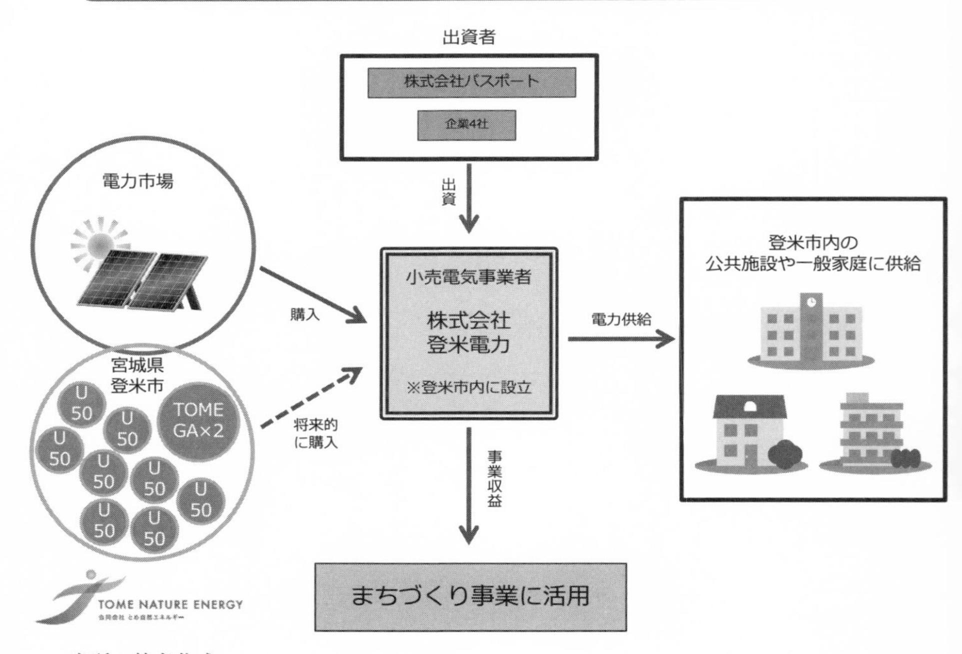

出所：筆者作成。

ることが判明したため，株式会社登米電力の設立に至った。設立後，まずは，登米市役所と電力供給の契約を締結し，初年度は市内にある公共施設33カ所に電力を供給した。今後は，市内の事業者や家庭へと電気を供給していく計画である。2021年1月現在では，株式会社登米電力は，需給バランスの兼ね合いで電力市場から電気を調達して供給しているが，将来的には太陽光発電会社である合同会社とめ自然エネルギーから電気を調達すれば，エネルギーの地産地消，まさに自立分散型エネルギー社会の実現に近づく。しかしながら，課題点は大手電力会社との価格競争である。価格競争に陥ると収益性の確保が難しいため，多少値段が高くても，エネルギーの地産地消によるまちづくりが，登米市の未来において重要であるという理念や目的を多くの市民と共有し，かつ，市民発の運動へと広げていくことが必要ではないだろうか。

ここまで記した内容を事業年表として図表8－12にまとめる。

図表8－12　事業年表

年	月	出来事
2011年	3月	東日本大震災発生　南三陸町の支援活動開始
〃	4月	社会福祉法人登米市社会福祉協議会に依頼して施設を借りる
2012年	4月	登米市内にて太陽光発電事業の可能性調査を開始
2013年	11月	登米市とメガソーラー調印式
〃	11月	住民説明会を開催
〃	12月	合同会社とめ自然エネルギー　設立
2014年	8月	u50第一号機　運転開始
2015年	3月	東和町メガソーラー　運転開始
〃	4月	登米市と災害時応援協定を締結
〃	9月	平成26年度地産地消型再生可能エネルギー面的利用等推進事業費補助金　採択
〃	11月	第1回検討委員会　開催
〃	12月	第2回検討委員会　開催
2016年	1月	第3回検討委員会　開催
〃	2月	第4回検討委員会　開催
〃	3月	事業化可能性調査報告書をまとめ経産省へ提出
〃	6月	玉山メガソーラー　運転開始
〃	9月	株式会社登米電力設立
2017年	4月	登米市内・公共施設（高圧）33施設に電力供給開始
2019年	4月	登米市内・公共施設（低圧）に電力供給開始
2020年	4月	登米市内・一般家庭向け電力供給開始

出所：筆者作成。

4．おわりに

東日本大震災により地域経済がダメージを受け疲弊する中，安定的な収益事業を新たに創り出すことは被災地では極めて重要な課題であった。そのため2017年に始まるFIT制度を活用し，地域経済の再興・発展を目的に設立した合同会社とめ自然エネルギーは，登米市民と共に事業経営を行うスタイルとして画期的であった。特に，汚染稲わら問題により採草地の再利用が難しい農地の転用，太陽光発電の初期投資が高いため部材を安く仕入れる共同購入のしくみ，権利関係の調整など，さまざまな諸問題を「協働の精神」で乗り越えていくプロセスは，地元との信頼関係を育む重要な機会ともなった。そして，株式会社登米電力においても，経済産業省の調査事業等のプロセスを経て，登米市および地元企業との相互理解と信頼が深まった結果，地元企業4社から賛同を得て出資していただき，いわゆるコモンズ経営を実現している。まさに，地元と外部の主体が連携し，地域課題を共に越えていこうとする「共感の輪の連鎖」が広がっている素晴らしい事例といえるだろう。

一方，世界に目を向ければ，2015年9月に国連サミットで採択された持続可能な開発目標（SDGs）が，世界的に大きな動きを見せている。地球にこれ以上負荷を与えないよう，自然エネルギーを活用しないとビジネスができない時代に突入した。この世界的な動きと並行しながら，本事業のようなローカルな活動は，グローバルとローカルを掛け合わせた「グローカル」な活動として大変意義の大きいプロジェクトといえる。そのためにも，登米電力が2020年から始めた一般家庭向けへの電力供給事業が大きな鍵を握るだろう。まさに，市民による市民のための復興・持続可能なまちづくりを目指して，出資している地元企業と共に，登米市民全体へと共感の輪が今後どのように拡がっていくのか，今後の展開に注目していきたい。

【注】

1）福島県（2020）による。

2）「再生可能エネルギーで発電した電気を，電力会社が一定価格で一定期間買い取ることを国が約束する制度」であり，詳細は資源エネルギー庁（更新年不明 a）を参照されたい。

3）住民基本台帳による。

4）「汚染稲わら行き場なし　国や東電への不信感から候補地の住民反発」『河北新報』2018年3月11日，電子版，https://www.kahoku.co.jp/special/spe1168/20180311_01.html（2021年1月18日最終アクセス）

5）「家庭や商店も含む全ての消費者が，電力会社や料金メニューを自由に選択できる」制度であり，詳細は資源エネルギー庁（更新年不明 b）を参照されたい。

参考文献・URL

佐藤敬生（2020）「『風と土』の融合による新たな事業モデルの創造―東北風土マラソン＆フェスティバルの事例―」風見正三・佐々木秀之編著『復興から学ぶ市民参加型のまちづくりⅡ―ソーシャルビジネスと地域コミュニティ―』創成社，pp.20-39。

資源エネルギー庁（2020）『国内外の再生可能エネルギーの現状と今年度の調達価格等算定委員会の論点案』https://www.meti.go.jp/shingikai/santeii/pdf/061_01_00.pdf（2021年1月18日最終アクセス）

資源エネルギー庁（更新年不明 a）『固定価格買取制度』https://www.enecho.meti.go.jp/category/saving_and_new/saiene/kaitori/surcharge.html（2021年1月18日最終アクセス）

資源エネルギー庁（更新年不明 b）『電力の小売全面自由化とは』https://www.enecho.meti.go.jp/category/electricity_and_gas/electric/electricity_liberalization/what/（2021年1月18日最終アクセス）

登米市（2014）「第4章　原子力発電所事故への対応」『東日本大震災の記録―震災対応と復興に向けて―』https://www.city.tome.miyagi.jp/somu-somu/kurashi/anzen/daishinsai/documents/sinsaikiroku-4.pdf（2021年1月18日最終アクセス）

福島県（2020）『福島県から県外への避難状況』https://www.pref.fukushima.lg.jp/uploaded/attachment/420181.pdf（2020年1月18日最終アクセス）

結　言

東日本大震災は，東北地方や関東地方を直撃し，沿岸部を中心とする広範な地域に甚大なる被害をもたらすとともに，大震災によって生じた原発事故によって，国家的な規模の経済社会に影響を及ぼす大災害となった。大震災から約10年が経過した現在，被災市町村では，新たなまちづくりの息吹も感じられるようになってきているが，一方で，近年，大規模な自然災害が増加しており，2019年には，台風19号の直撃によって，関東甲信越や東北等の広範な地域に対して甚大な被害を与える事態が生じてきている。

2020年には，「新型コロナウイルス感染症」が拡大し，地球規模における生活様式の変化に直面する時代が到来している。このように，世界が激変していく中で，我々は，どのような社会を構築していくべきなのか，持続可能な社会の創造が世界的な重要課題になってきている現状を踏まえて，震災復興の教訓を活かした新たな視点を発信していくべき時がきているといえよう。

本書は，こうした激変する社会状況の中で，震災復興に携わってきた研究者，実践者がそれぞれの視点やフィールドの中で実現してきた市民参加型のまちづくりの記録をまとめたものである。東日本大震災は，高度な文明社会を築きあげた人類の都市的な生活様式のあり方に警鐘を鳴らし，政府，自治体，企業，市民の活動基盤を根本から揺るがす大災害となった。我々が，地球的な環境変化の中で，地域の自然環境と融合しながら，地域主体の持続可能な未来をいかに創造していけるのか，その具体的なソリューションを提示していくべき時期がきているのである。

・震災復興とコモンズの視座

東日本大震災は，2011年3月11日の14時46分に，モーメントマグニチュード 9.0，最大震度 7 の大地震が東北地方を直撃した。政府は，この歴史的な大震災で失われた多数の命に追悼と鎮魂の意を表すとともに，大震災の教訓を次世代に語り継ぐことの重要性を提示した。また，政府は，「地域・コミュニティ主体の復興」を提言し，東北の潜在力や地域の強い絆を活用した復興まちづくりの重要性を強調し，地域特性の尊重，地域の連帯，持続可能性に配慮した復興の方向性を示した。

これらの命題は，日本社会が取り組まなければならない本質的な緊急課題であり，これらの課題を解決するために，今こそ，「持続可能な未来創造」の視点が重要となってきている。震災復興は，こうした新たな未来創造への転機をもたらすとともに，産官学民の連携による「地域主体の計画プロセス」の重要性を提示することとなった。また，震災復興という緊急課題を解決するために，市民，企業，行政，市民団体等の多様なステークホルダーによる戦略的なプラットフォームの構築が実現化していった。

このことは，都市や地域の未来を，その地域に関わるステークホルダーが「コモンズ：共有財産（Commons）」として主体的に共創していくことの重要性を示している。震災復興は，日本の社会課題を解決し，持続可能な未来を可視化させる使命を持っており，こうした地域主体の未来創造が持続可能な都市や地域を実現させる原動力となっていくのである。

宮城県東松島市は，東日本大震災によって，野蒜地区をはじめとする沿岸部を中心に大きな打撃を受けたが，その震災復興過程の中で，「東松島市・森の学校プロジェクト」という産官学民の多様な連携による震災復興事業が実現した。このプロジェクトは，大震災に伴う津波被害を受けた公立小学校の高台移転計画であり，宮城大学風見正三研究室が，震災直後から被災地に入り，C. W. ニコル・アファンの森財団の協力を得ながら，「森との共生」「地域との共生」をテーマにした「森の学校」の基本コンセプトを提案したものである。宮城大学風見正三研究室は，このコンセプトを実現するために，東松島市教育委員会の委託を受け，「森の学校」の基本構想・基本計画を策定し，この基本計画に基づき，基本設計・実施設計が行われ，2017 年 1 月，森の森羅万象を感

写真１　森と一体化した完全木造の校舎

じる学び舎が完成に至った（写真1)。本プロジェクトは，高台移転する小学校を地域の自然環境を最大限に活かした「森や地域と融合する学校」として再建したものであり，地域のさまざまなステークホルダー（生徒，教員，行政，地元企業，大企業，大学等）の共創によって計画が策定されている。

「森の学校」は，森の生命力や多様性を学ぶ「自然と共に生きる学校」，地域の人々との協働によって子どもたちを育む「地域と共に生きる学校」を実現するものであり，持続可能な未来を創造する拠点として地域と共に発展を遂げていくであろう。まさに，「森の学校」は，地域の多様な構成要素との協働によって実現された震災復興事業であり，地域の「コモンズ：共有財産(Commons)」としての学校を民主的に計画していく先駆的な取り組みとなったのである。

我が国は，長い歴史の中で，豊かな自然に根ざした持続可能な生活様式を醸成してきた国であり，森や海の文化を尊び，大地と共に暮らしてきた。そして，こうした豊かな自然環境を尊重し，地域の個性豊かな歴史文化を継承する基盤となってきたものが「コミュニティ」の存在であった。20 世紀は，こうした地域に根付いた文化や風土を喪失してきた時代であったが，21 世紀は，地域に立脚した豊かさや持続可能性，幸福感や安心感を尊重した持続可能な社会像を再構築していく時代としなければならない。

20世紀における科学技術の進展は，社会資本を急速に改変させ，市民の夢を実現し，豊かな都市システムを構築してきた。しかし，近代化の進展に伴い，土地の高騰や過密問題，交通事故や大気汚染など，環境問題や社会問題が顕著になり，一極集中化した都市の脆弱性も露呈されるようになった。我々は，こうした急激な都市化の中で，いかなる未来への視座を持つべきなのだろう。近代化と歴史文化をいかに両立していくのか，地域の独自性をいかに守っていくのか，その解答の鍵となるものが「コモンズ（Commons）」の視座である。

東日本大震災が発生し，世界が賞賛したものは，東北の「地域力」であり，地域を主体的に維持していく「コミュニティ」の存在こそが，地域を持続可能な発展に導く源泉となる。今こそ，近代化の中で弱体化してきている「コミュニティ」を再認識し，地域の人々が，地域の意思によって，地域の未来を選択できる「地域主体の未来創造プロセス」を構築していく必要がある。

これからの時代に求められる未来創造とは，地域を支える多様なステークホルダーの共創によって醸成されるべきであり，その過程から生み出される社会資本は，地域の「コモンズ：共有財産（Commons）」として未来に継承されていくことになる。

・震災復興から発する未来創造
― Sustainable Commons Design の視座

我が国は，東日本大震災や深刻化する自然災害を乗り越え，いかなる国家・都市・地域のシステムを構築していくべきなのであろう。20世紀における都市の発展は，都市の機能を支える高度な文明によって成し得たものであり，こうした科学技術の発展が経済を牽引したことは事実であるが，同時に，科学技術への過信や経済至上主義がさまざまな災害を生み出してきた大きな要因ともなっている。

「WCED（環境と開発に関する世界委員会）」は，1987年に「Our Common Future」

という報告書を世界に提示した。この報告書の中では，我々は地球上に蓄積されたエネルギーを使い尽くし，将来の世代に悪影響を及ぼすような負の遺産を未来に残してはならないことを提言している。我々は，未来の世代に豊かな自然環境や文化環境を継承できる永続的な社会システムを構築していかねばならないのである。

20世紀は，経済的な豊かさや生活の便利さを追求する「都市の時代」であったが，21世紀は，こうした都市文明に関する新たな考察が必要となる世紀となる。大震災によって，多くの市民は，生活に欠かせない食料やエネルギーが巨大なシステムに支えられていたことを知った。震災時は，社会インフラや交通システムが分断され，都市システムの複雑性や脆弱性を実感することになった。そして，国家的な危機に瀕した時，地域やコミュニティの結束がいかに重要であるかを知ることとなったのである。

我が国は，大震災を超えて，地球環境時代にふさわしい「我らが共通の未来(Our Common Future)」を実現していくべき時代が到来している。21世紀は，これまでの効率性，経済性，科学技術を重視した旧来のパラダイムを転換し，自然の叡智に学び，経済価値だけでは表せない文化的な豊かさやオルタナティブな技術に基づく持続可能な社会を再構築していく時代となる。

現在，世界的に「SDGs：Sustainable Development Goals」の17指標の達成が重大な政策目標となってきているが，その17番目には，「Partnership」という目標が掲げられている。21世紀は，これまでの科学技術や文明のあり方を問い直し，すべての市民が幸福感を感じるような社会システムを実現していく時代である。東日本大震災は，こうした20世紀の都市や地域のあり方を問い直す転換点としての意味をもっており，21世紀は，震災復興の教訓を未来に継承しながら，「地域主体の計画プロセス」の実践による「地域主体の未来創造の時代」となることを期待したい。そして，そのための鍵となるのが，地域主体による「Sustainable Commons Design」の視座なのである。

参考文献

（1）風見正三他（2009）『コミュニティビジネス入門―地域市民の社会的事業』学芸出版社。
（2）風見正三（2011）「地域資源経営の視点による東北の再生に向けて―社会的共通資本としてのコミュニティの再興」，『東日本大震災　復興への提言　持続可能な経済社会の構築』東京大学出版会。
（3）細野助博・風見正三・保井美樹（2016）『新コモンズ論―幸せなコミュニティをつくる八つの実践』学芸出版社。
（4）風見正三（2020）『森の学校を創る―震災復興から発する教育の未来』山口北州印刷。
（5）World Commission on Environment and Development（1987）“Our Common Future”.

あとがき

東日本大震災からの復興過程では，様々な取り組みが実施されてきたなか，本シリーズでは，パートⅠでは「NPO 中間支援」，パートⅡでは「ソーシャルビジネス」，パートⅢでは「コミュニティ・プレイス」に着目し，書籍の刊行を続けてきた。これらの副題の意味を少し考えてみたいと思う。

東日本大震災の復興過程と並行して，ソーシャル（社会的）というワードを冠する概念が数多く登場し，1つの潮流となっていた。本シリーズで取り上げたソーシャルビジネス（社会的事業）もその一例であるが，ソーシャルイノベーション（社会的革新），ソーシャルインクルージョン（社会的包摂），ソーシャルキャピタル（社会関係資本）と枚挙にいとまがない。これらは大震災以前から提起されていた概念であるが，この 10 年間において，より多用されてきたといえよう。このソーシャルという語の意味するところとしては，東日本大震災によって，資本主義的経済発展の限界があらためて露呈したことから，そこに社会性を付与し，改善を試みようとする動向であったと考える。東日本大震災後，資本主義の再構築や軌道修正に関する多くの書籍が刊行されてきた。そこにおいて，本シリーズは，実践事例の検証が中心となっているが，その一端に位置付けられるのではないかと考える。

資本主義の再構築の議論が活発化している背景には，東日本大震災や現在のコロナショックがある。想像を絶する災害・感染症の蔓延を目の当たりにし，人々の意識や価値観に変化が生まれ，人々は新たな価値観を受け入れようとしてきた。そこで常に問われたことが，具体に何をやるのかという事である。共感される事業モデルが構築され，実践されなければ一時的な関心，流行で終わってしまうことを我々は認識しておかなければならない。より効果的な実例の創出にあたって，重要となるのが地域コミュニティレベルでの実践であり，その際，本書でとりあげた場の形成，パートⅠでとりあげたNPO中間組織，つまり，実際に担い手・つなぎ手となる人と組織の存在，パートⅡにおける経済活動の手法が重要になってくるのである。大震災から10年が経過し，建物や道路といったハード面の復旧・復興は概ね完了している状況にある。ここから，以降10年間の取り組みによって，持続可能性や地域のレジリエンスの向上を含め，大震災からの20年をどのように迎えるかという事が次に問われてくるところである。引き続き，地域コミュニティ主体の新たな仕組みのデザインを構想し続ける必要があるが，そのことが，次に来る災害に対する事前復興ともなりうることを述べておきたい。

さて，この辺で筆をおくことにしたい。本シリーズの刊行は，大震災の発生から5年目以降の取り組みであったから，東日本大震災に関する書籍としては発刊時期が遅く，出版に際しては，多くの皆様の理解と支援が必要であった。関係者の皆様にあらためて御礼申し上げたい。また，シリーズの発行を担っていただいた株式会社創成社に御礼申し上げたい。代表取締役塚田尚寛氏，担当の西田徹氏には辛抱強い励ましをいただき，本シリーズの刊行を成し遂げることが出来た。

東日本大震災からの10年間の期間を経て，市民参加型のまちづくりに対するニーズはさらに高まってきている。現在，PPPの一環である不動産ファンド（不動産特定共同事業，FTK）を用いた市民参加型まちづくりのスキームの構築に着手したところである。地域資源に加えて，地域資金の循環を市民参加型でやっていこうというものである。終わりなき挑戦であるが，また各位と協働・共創できることを楽しみに，引き続き活動を展開していく所存である。

2021年9月30日

執筆者を代表して　佐々木秀之

索　引

A−Z

ア

カ

マ

ヤ

ラ

ワ

《編著者紹介》

風見正三（かざみ・しょうぞう）担当：結言
宮城大学　理事，副学長，研究推進・地域未来共創センター長。事業構想学群，教授。

佐々木秀之（ささき・ひでゆき）担当：緒言，あとがき
宮城大学　事業構想学群，准教授。研究推進・地域未来共創センター副センター長。

《著者紹介》（執筆順）

吉田祐也（よしだ・ゆうや）担当：第1章
学校法人尚絅学院職員。
1984年，宮城県仙台市生まれ。2010年，NPO中間支援組織に所属，2014年より現職。元南蒲生町内会復興部事務局長。

塩本美紀（しおもと・みき）担当：第2章
特定非営利活動法人ウィメンズアイ 理事。
1969年，福岡県生まれ。出版社を経てフリーの編集・ライター。

栗林美知子（くりばやし・みちこ）担当：第2章
特定非営利活動法人ウィメンズアイ 理事，南三陸所長。
1979年，和歌山県生まれ。国家資格キャリアコンサルタント。2013年から宮城県に移住し，南三陸町を中心に女性支援活動を展開。

桃生和成（ものう・かずしげ）担当：第3章
一般社団法人 Granny Rideto 代表理事。
1982年，宮城県仙台市生まれ。2016年より利府町まち・ひと・しごと創造ステーション tsumiki のディレクターを務める。

三浦秀之（みうら・ひでゆき）担当：第4章
杏林大学総合政策学部准教授。一般社団法人石巻・川の上プロジェクト理事・運営委員長。
1982年生まれ，2012年から，実家がある石巻市川の上地区でコミュニティ形成の活動を取り組み始め，現在に至る。

森優真（もり・ゆうま）担当：第5章
一般社団法人はまのね　理事。石巻産業創造株式会社 産業復興支援員。
1981年，長崎県生まれ。2014年，石巻市に移住，主に一次生産者への経営強化支援に従事。並行して，1次産業振興に関する実践活動を展開している。

中沢峻（なかざわ・しゅん）担当：第6章
宮城大学 事業構想学群 助教。
1987年，宮城県仙台市生まれ。2013年にUターンし，みやぎ連携復興センターに所属。2020年3月に弘前大学大学院地域社会研究科博士後期課程を修了。2020年11月より現職。

佐藤加奈絵（さとう・かなえ）担当：第7章
中城建設株式会社コミュニティデザイン事業部　コーディネーター。
1991年，宮城県登米市生まれ。2014年NPO中間支援組織に所属，2017年より宮城大学特任調査研究員として教育プログラムの運営に従事。2021年より現職。

佐藤敬生（さとう・たかお）担当：第8章
一般社団法人まち・ヒト・未来創造研究所　代表理事。
1973年大阪府堺市生まれ。震災直後から復興支援活動を展開。2019年より兵庫県に移住。現在，兵庫県立大学大学院減災復興政策研究科に在学し，減災・まちづくりの研究と実践に従事。

（検印省略）

2021年10月10日　初版発行　　略称―復興まちづくり

復興から学ぶ市民参加型のまちづくりⅢ

―コミュニティ・プレイスとパートナーシップ―

編著者　風見正三・佐々木秀之

発行者　塚田尚寛

発行所　東京都文京区春日2-13-1　**株式会社　創成社**

電　話　03（3868）3867　FAX　03（5802）6802

出版部　03（3868）3857　FAX　03（5802）6801

http://www.books-sosei.com　振　替　00150-9-191261

定価はカバーに表示してあります。

ISBN978-4-7944-3228-5　C3033

Printed in Japan

組版：ワードトップ　印刷：エーヴィスシステムズ

製本：エーヴィスシステムズ

落丁・乱丁本はお取り替えいたします。